ENCYCLOPÉDIE-ROReT

PEINTURE

ET

FABRICATION DES COULEURS.

AVIS.

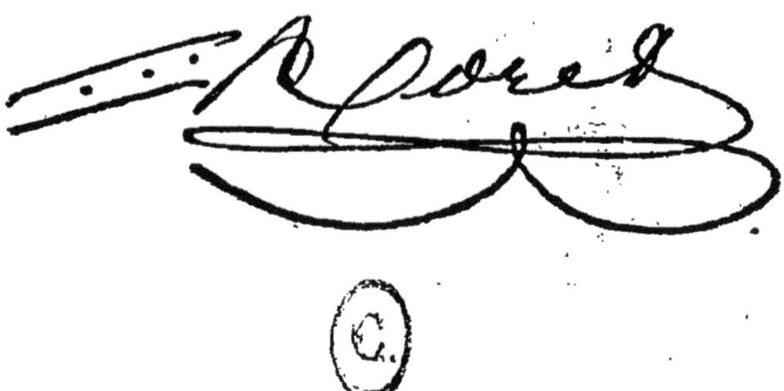

MANUELS-RORET.

PEINTURE

ET

FABRICATION DES COULEURS

OU

TRAITÉ DES DIVERSES PEINTURES

A L'USAGE

DES PERSONNES DES DEUX SEXES QUI VEULENT
CULTIVER LES ARTS

Par M. JOSEPH PANIER,

Élève et Successeur de M. Lambertye, Fabricant de couleurs fines
et objets d'arts.

PARIS

A LA LIBRAIRIE ENCYCLOPÉDIQUE DE RORET,
RUE HAUTEFEUILLE, 12.
1856.

INTRODUCTION.

Les arts sont nés du besoin et du désir bien naturel d'ajouter à nos jouissances. L'homme sentit de bonne heure qu'il n'était pas fait pour ramper sur la terre avec les animaux et que ses facultés tendaient d'elles-mêmes à se développer. Il s'agita; il étudia la nature : mille ressorts secrets, mille combinaisons heureuses, s'offrirent à ses yeux, et des prodiges sans nombre s'empressèrent d'éclore sous ses pas. Il vit bientôt qu'il pouvait atteindre à un plus haut point de perfection : il consulta l'expérience qui l'éclaira et s'avança par de-grés à la lueur de son flambeau; il donna dès lors plus de développement et de jeu à ses mouvements, plus d'aisance et de majesté à son port, plus d'énergie et de légèreté à sa démarche, plus de finesse à sa taille, plus de régularité à ses traits, plus de piquant à ses

grâces naturelles; plus de sentiment et de feu brillè-
rent dans ses yeux, plus d'agrément et de vivacité
dans ses manières.

La musique et la poésie devinrent les interprètes
des sentiments de son cœur : tantôt elles soupirèrent
mollement ses plaintes et ses désirs; tantôt elles exha-
lèrent son courroux et ses menaces dans des sons
terribles, dans des mesures vigoureuses et entrecou-
pées; sa joie, sa reconnaissance, dans des accents ra-
pides et tout à la fois gracieux.

La nature sembla se reproduire à sa voix, et acqué-
rir une nouvelle fécondité. Son ciseau sut attendrir
les marbres; il rendit les métaux sensibles autour de
lui; la toile s'anima sous son pinceau; tout sembla
respirer, se mouvoir, agir. La distance des lieux, la
mort même ne sépareront plus des amis; la main du
peintre saura les rapprocher; des traits vifs et ressem-
blants s'offriront aux yeux agréablement séduits et
feront sur l'âme la même impression que les objets
eux-mêmes; tout sera imité, embelli : ici, des paysages riants, enchanteurs, excitent une joie folâtre et
bruyante; là, des bosquets sombres provoquent une
douce mélancolie; ici, Mars s'abandonne à toute sa
fureur, inonde les plaines de sang et de carnage; là
Pomone et Bacchus, comblant les vœux des humains,
remplissent leurs corbeilles de fruits.

L'histoire elle-même devient tributaire de la peinture : les Hercule, les Alexandre, les César, les Napoléon, reparaissent sur la scène; à la vue de leurs exploits, l'émulation s'empare des grandes âmes, et le feu sacré qui forme et soutient les héros se rallume et se nourrit.

Ainsi les beaux-arts sont devenus non-seulement les délices des nations policées, mais encore un lien qui les rapproche et les resserre. Ces nations heureuses et florissantes dans la mesure de leur goût, font servir leur luxe et leurs richesses à multiplier leurs jouissances, à augmenter leur éclat et leur splendeur. La France s'est distinguée entre tous les peuples civilisés; l'accueil favorable qu'elle fait aux artistes distingués, le haut prix qu'elle met à leurs chefs-d'œuvre, l'émulation qu'elle cherche à provoquer et par sa générosité et par les distinctions flatteuses qu'elle leur prodigue, attesteront à tous les âges et sa bienfaisance et la noblesse de ses vues.

Le goût que la nation française montre en particulier pour la peinture et les arts en général me donne l'espoir qu'elle accueillera le présent ouvrage avec plaisir, et que la Belgique, l'Italie, l'Angleterre, l'Allemagne et toutes les nations amies des arts suivront son exemple. Les amateurs comme les artistes pourront y puiser d'utiles renseignements que j'ai moi-même recueillis avec ordre et le plus grand soin, et ce n'est qu'après avoir fait des expériences réitérées sur chacun des sujets que j'y traite, que je me suis décidé à mettre au jour ce manuel.

Ce traité contient :

1° Quelques réflexions sur l'agrément et l'utilité de la peinture;

2° Les procédés nécessaires pour pratiquer avec succès tous les genres de peinture le plus en usage;

3° Des remarques sur les beautés qu'on observe dans les œuvres des plus grands peintres de paysages;

4° Une définition raisonnée de la couleur en général;

5° Des détails sur la nature et les qualités des couleurs propres aux différents genres de peinture, sur les opérations chimiques auxquelles il faut les soumettre et enfin sur la manière de les employer.

PEINTURE

ET

FABRICATION DES COULEURS

PEINTURE.

La peinture est l'art d'imiter tous les objets de la nature : elle les place dans un horizon factice dont l'imitation sur un plan n'est ni moins étonnante, ni moins difficile que celle des sujets qu'elle veut traiter. Elle emploie pour cela des lignes tracées avec une proportion si juste, qu'elles expriment le contour de tous les corps. Cette partie de la peinture appartient au dessin. Le peintre couvre ensuite ces lignes et les orne de couleurs sagement et ingénieusement combinées.

Les recherches sur l'origine, les progrès et les révolutions de la peinture, ne pourraient offrir que des

incertitudes. Si les anciens ont traité cette partie his-
torique, leurs écrits sont perdus. Tout ce que nous
savons à cet égard, c'est que l'Egypte qui n'a produit
aucun chef-d'œuvre en ce genre fut le berceau de la
peinture. De l'Egypte elle passa en Grèce, où elle fut
portée au plus haut point de perfection. De la Grèce
elle vint chez les Romains, sans y produire des artistes du premier ordre. Elle s'éteignit avec l'empire
romain et ne reparut plus dignement en Europe que
sous les pontificats de Jules II et de Léon X. C'est donc
à dater de cette époque qu'on établit une distinction
entre la *peinture antique* et la *peinture moderne*.

La nature qui fait ressortir tous les objets par le
moyen des ombres et de la lumière ou des jours,
fut probablement le premier maître qui apprit aux
hommes à satisfaire leurs goûts par l'imitation : telle
fut sans doute l'origine de la peinture.

La peinture était dans une si haute estime chez les
Grecs, qu'ils lui donnèrent le premier rang parmi les
beaux-arts. Elle ne le cède en rien à la poésie que l'on a
appelée une *peinture en paroles*, comme nous pouvons
appeler la peinture une *poésie muette*. Ainsi que la poésie, la peinture exprime et les faits historiques et les
inventions de l'imagination; elle imite tous les objets de
la nature; elle rend à nos yeux trompés et l'éclat de la
lumière et toutes les dégradations des ombres; elle

nous fait voir sur un plan des éminences et des profondeurs, et paraît placer ses sujets, ou presqu'à notre portée ou à des distances considérables, selon que cela lui convient. Semblable à l'optique, elle emploie tout ce qui peut tromper la vue, et variant ses sites, elle se plaît à présenter les mêmes objets sous mille formes différentes. Elle produit des effets auxquels la sculpture même ne pourra jamais atteindre. Elle peint l'eau, l'air et le feu, les rayons du soleil, la douce clarté de la lune et celle des étoiles, la foudre et les éclairs, le soir d'un beau jour et le lever de l'aurore, les nuages, le crépuscule et la nuit. Elle peint les affections de notre âme, les conceptions de l'esprit et presque la parole elle-même. Elle emploie avec un art admirable certaines dimensions et mesures pour nous présenter des objets qui le disputent à la réalité en rivalisant avec la nature et qui la surpassent souvent en l'embellissant. Les oiseaux trompés venant fondre sur les raisins, sortis du pinceau de Xeuxis; la main de celui-ci essayant de lever le rideau peint par Parrhasius; les ingénieux miracles du pinceau d'Appelles et de tant d'autres hommes célèbres que le peu d'espace ne me permet pas de citer, tant est grand le nombre de ceux qui ont excellé dans cet art; n'en sont-ils pas une preuve éclatante ?

La peinture tout entière-pour le plaisir des yeux

et de l'esprit saisit l'âme par le secours des sens, et est peut-être le plus sûr moyen de l'attacher. Elle nous fait franchir les intervalles des temps et des lieux, pour nous représenter des objets dont la distance ou la mort nous sépare ; elle nous affecte par la nouveauté, par la variété, par le choix des choses qu'elle nous présente. Son attrait nous frappe et fixe l'attention de tout le monde. Les artistes, les connaisseurs, les amateurs, ne peuvent passer avec indifférence près d'un beau tableau ; l'émotion qu'il leur fait éprouver, les arrête et prolonge plus longtemps leur admiration.

La peinture a pour nous des avantages que les objets même qu'elle imite sont bien éloignés de pouvoir nous procurer ; ainsi par exemple, nous n'oserions regarder, nous ne verrions qu'avec horreur, des monstres, des massacres, des hommes morts ou mourants, et nous les contemplons avec sécurité, nous les voyons même avec plaisir lorsqu'ils sont bien imités dans les ouvrages des peintres : plus l'imitation en est parfaite, plus nous les regardons avidement. La peinture ne nous afflige qu'autant que nous le voulons et notre douleur disparaît bientôt avec le tableau ; au lieu que nous ne serions pas maîtres de la vivacité ou de la durée de nos sentiments si nous avions sous les yeux les objets mêmes.

Le peintre met dans ses ouvrages bien plus à entendre, à juger et à sentir, qu'à voir; et l'on peut dire que le génie de la peinture est encore au-dessus de l'art même.

Mais si la peinture a tant d'attraits pour ceux qui se bornent à l'admirer, combien ne doit-elle pas en avoir davantage pour ceux qui cultivent cet art enchanteur. Avec quel plaisir une dame, par exemple, ne voit-elle pas naître sous son pinceau la fidèle imitation des traits d'une personne chérie; avec quel transport ne voit-elle pas une fleur s'épanouir en quelque sorte sous sa main! quel délassement plus innocent et plus agréable que de former autour de soi un horizon composé de tout ce qui charme le plus le cœur et les yeux; de pouvoir créer pour ainsi dire l'objet que l'imagination représente; de pouvoir enfin imiter la nature dans ses plus belles formes.

De là le plaisir que la peinture procure à tous les hommes; de là ce noble usage, chez toutes les nations, de faire entrer le dessin et la peinture dans l'éducation des personnes bien élevées ou inspirées par la nature; de là aussi la protection et l'encouragement que les gouvernements éclairés accordent aux peintres célèbres et à tous ceux qui font des découvertes utiles aux progrès de cet art.

Les différents genres de peinture le plus en usage sont :

La peinture à l'huile,
— en émail,
— en miniature,
— à fresque,
— à la gouache,
— à l'aquarelle,
— au pastel.

Je traiterai de ces différents genres de peinture, mais je m'étendrai davantage sur ceux qu'on pratique le plus généralement.

Mon intention n'est pas d'entrer dans le détail de tous les moyens qui pourraient conduire les amateurs et les élèves à cette perfection où peu d'artistes arrivent, et à laquelle on ne peut réellement atteindre que par un travail long et pénible ; cependant j'ose me flatter qu'ils trouveront dans les notions que je vais leur présenter, tous les principes et les procédés nécessaires pour développer leurs talents naturels et les mettre en mesure de peindre d'une manière agréable et peut-être très-utile. J'ai d'autant plus lieu de l'espérer, que je n'ai pas voulu m'en rapporter seulement aux connaissances que m'ont données l'expérience et le bon goût ; j'ai consulté pour chaque genre de peinture, des artistes habiles, distingués et animés, comme moi, du désir d'être utiles au public.

IDÉES GÉNÉRALES SUR LA MANIÈRE DE PEINDRE
A L'HUILE.

La peinture à l'huile est de tous les genres de peinture un des plus anciens et celui qui a été, avec raison, un des plus cultivés. Elle a l'avantage incalculable de résister, plus que toute autre, à l'injure des temps et de se conserver plusieurs siècles dans toute sa vigueur et toute son harmonie, surtout lorsque l'artiste a fait choix d'un bon fabricant de couleurs fines, consciencieux et ami des arts.

Le dessin est une base tellement essentielle, pour la peinture, qu'il est inutile d'en prouver ici la nécessité. Je me contenterai donc de faire observer que les personnes qui veulent s'appliquer à la peinture, doivent non-seulement avoir copié quelques dessins de bons maîtres, d'après les figures antiques et d'après nature, et même les plâtres en bosse, ou bas-reliefs, mais encore les avoir faits de souvenir; c'est la meilleure manière d'en tirer profit.

L'artiste ou l'élève doit toujours avoir en poche un livret pour y coucher en quelques coups de crayon les idées qui lui viennent d'après ses sensations, et saisir les moments heureux qu'il rencontre souvent dans la nature, afin de la prendre pour ainsi dire sur le fait. Il serait aussi très-bon de faire des croquis des bons tableaux ou estampes qui auraient frappé l'esprit; c'est ainsi qu'on se meuble la tête et qu'on acquiert la pratique sans laquelle la théorie la plus sûre se réduit à la plus insignifiante nullité.

Le moyen d'exécuter plus facilement, soit en dessinant, soit en peignant, est de commencer d'abord par les plus grandes formes et les plus grandes masses, et de se persuader qu'on est toujours pressé, afin d'exécuter et d'exprimer en peu de traits l'idée générale des objets qu'on veut représenter : on conçoit aisément qu'en s'occupant d'abord des petits détails, on tomberait dans la minutie, et jamais on ne parviendrait à son but; on ressemblerait assez à un architecte qui voudrait faire la distribution des appartements d'un édifice avant d'en avoir tracé le plan général.

Lorsque les plus grandes masses sont saisies, ce qu'on ne peut faire qu'après avoir bien examiné l'objet qu'on veut copier, on vient à celles qui sont moins considérables, et insensiblement aux petits détails qui ne coûtent alors aucune peine. Ces principes doivent s'appliquer à tous les genres de peinture, et pour mieux dire à tous les arts.

Lorsqu'on est parvenu au point de pouvoir peindre, on doit d'abord faire choix de couleurs parfaitement préparées et purifiées, si on ne veut pas voir son ouvrage détruit en peu de temps. C'est sans doute d'après cette pensée que la plupart des anciens maîtres ont fait de la chimie en même temps que de la peinture ; par ce moyen ils étaient sûrs des couleurs qu'ils employaient. Mais aujourd'hui il suffit de choisir parmi les nombreux fabricants de couleurs fines, ceux qui ont étudié et qui ont acquis une réputation d'honnêteté, par leurs produits fabriqués avec conscience et d'après les procédés actuels et connus depuis quelques années.

Les couleurs qui s'emploient le plus ordinairement sont :

Le blanc d'argent ou de plomb.
L'ocre rouge.
L'ocre de rue.
Le brun rouge.
Le rouge d'Inde.
La terre de Sienne.
La terre de Sienne calcinée.
La laque carmínée rose.
La laque carminée rouge.
Le bleu de Prusse fin.
Le bleu de cobalt.
Le vermillon de Chine.
La laque jaune.
Le jaune de cadmium.
Le jaune Indien purifié.
L'ocre jaune lavé.

Le jaune de mars.

Le brun Wandick.

Le noir d'ivoire.

Le noir de vigne.

Le jaune de Naples.

L'outremer.

Le vermillon ordinaire.

Cette dernière couleur doit être ménagée non à cause de son prix, mais parce qu'il est difficile de l'employer utilement, sauf dans les draperies où elle procure de bons effets dans les glacis.

Ces couleurs doivent être délayées et broyées avec de l'huile de noix faite à froid, de l'huile de lin siccative, et mieux encore de l'huile d'œillette ou de pavot, mais toutes clarifiées au soleil et rendues onctueuses et claires, autant que faire se pourra.

Lorsqu'on désire que la peinture sèche plus rapidement, on se sert d'huile grasse (1); et à défaut d'huile grasse, on peut broyer avec la pointe du couteau à palette, du sel de saturne ou acétate de plomb avec l'une de ces huiles sans en faire abus.

On n'emploie ordinairement les dessiccatifs dont je

____

(1) L'huile grasse se prépare avec l'huile de lin bouillie très-lentement, sur laquelle on projette en petite quantité de la litharge pulvérisée, mais en très-petite quantité et souvent répétées : ıetirée du feu, la litharge tombe au fond, et l'huile s'éclaircit et devient visqueuse.

viens de parler que pour les bruns, les laques, les bleus, parce que ces couleurs sont longtemps à sécher.

On distingue les couleurs transparentes de celles qui sont opaques ; le nombre des premières est assez limité, en voici l'énumération :

Les laques rouges.

La laque jaune.

L'outremer.

Le brun Vandick.

Le bleu de Prusse.

Les terres de Sienne et terres d'ombre.

On ne doit jamais employer des couleurs sans avoir auparavant dessiné le plus correctement possible ; autrement, on aurait deux difficultés à vaincre à la fois, celle du dessin et celle de la peinture.

Lorsque la palette est préparée et qu'on veut peindre l'objet sur la toile, on doit faire ce qu'on appelle ses teintes ; ce qui consiste à prendre avec la pointe du couteau à palette, parmi les couleurs principales, ce qu'il en faut pour imiter le ton de l'objet qu'on veut représenter.

Par exemple, un peu de vermillon, du blanc et du brun rouge mêlés ensemble composeront un beau ton de chair ; comme du noir d'ivoire, ou de vigne de préférence, avec du vermillon, formeront un ton de demi-teinte de chair.

Du noir d'ivoire, du rouge d'Inde et du jaune de Naples serviront dans les ombres.

Comme il serait impossible de donner des proportions certaines pour composer toutes les teintes, on doit comprendre que les trois exemples ci-dessus ne sont que des données d'après lesquelles on jugera qu'on peut éclaircir, forcer d'ombres, colorier plus ou moins, en mettant plus ou moins de couleurs claires ou de celles plus foncées, en raison des tons dont on a besoin; c'est-à-dire que si le jaune et le bleu forment le vert, tirant sur le bleu ou le jaune, en mettant davantage de l'une de ces couleurs, on obtiendra une teinte plus claire ou plus foncée, qu'il est d'ailleurs facile de modifier en y ajoutant une pointe de blanc ou de noir, et ainsi des autres couleurs.

Lorsqu'on aura couvert la toile des couleurs qui doivent y être posées et que les tons principaux seront bien placés les uns à côté des autres, de façon qu'ils dégradent insensiblement, on devra se servir d'un assez large pinceau doux, en petit-gris ou bien en blaireau, dont les poils soient écartés au lieu de faire la pointe; on le passera très-légèrement, sec et sans couleur, sur son ouvrage, et cela dans le même sens des objets qui auront été préparés, afin de fondre les tons les uns dans les autres, de les marier ensemble et de faire disparaître le trait des objets tournants, car la nature n'en a pas.

Lorsque le tout est fondu, on se réserve de donner des touches fermes, soit de clairs, soit d'ombres, dans toutes les parties qui doivent saillir ou s'enfoncer. On ne doit cependant appliquer ces touches de fermeté qu'après avoir redonné leur forme aux objets qui auraient pu être oubliés, ou qu'on aurait changés de place en fondant avec le pinceau doux ; ce qui arrive ordinairement aux personnes qui n'ont pas encore l'habitude de s'en servir.

Il faut autant qu'il est possible finir par les clairs, de façon à n'avoir plus à y retoucher. On peut en général laisser les ombres un peu plus claires, car il est facile, lorsqu'elles sont sèches, de les rendre plus vigoureuses en les glaçant.

Nota. On appelle *glacis* en terme de peinture, l'application de couleurs transparentes mêlées avec un peu d'huile grasse, dont on frotte avec une brosse ferme les endroits qu'on veut rendre colorés, ou plus vigoureux.

Ainsi on glace de cette manière les draperies, et en général les objets auxquels on veut donner un ton plus brillant. Par exemple, si on veut peindre une draperie d'un beau rouge, il faut la peindre d'abord jaune, très-brillante et très-claire ; lorsqu'elle sera sèche, on la glacera avec une belle laque rouge carminée, ou mieux encore de garance rouge. Cette indication suffit pour donner l'idée des *glacis* et du parti qu'une personne intelligente peut en tirer.

Plusieurs peintres, en glaçant, et même en peignant, se servent de vernis mêlé avec de bonne huile grasse, parce qu'alors on voit toujours son tableau brillant, il n'est jamais *embu*. Nos anciens maîtres opéraient ainsi.

Nota. Embu est encore un terme de peinture. C'est l'effet que l'huile produit sur une toile qui est nouvellement préparée ; cette huile rentre dans les couleurs placées dessous, et celles de dessus paraissent ternes ; mais le blanc d'œuf ou du vernis font revenir les couleurs telles qu'elles étaient lorsqu'on les avait appliquées d'abord. Il est donc essentiel de choisir toujours une toile bien préparée à grains, ou unie, selon le goût de l'artiste, mais surtout très-sèche. Le moyen indiqué ci-dessus, agréable en soi et séduisant d'abord, est utile sans doute, mais doit être ménagé ; c'est à lui qu'on doit la ruine de beaucoup d'ouvrages de peintres célèbres.

L'essence de térébenthine, qui fait la base du vernis à tableau, ronge les couleurs et surtout celles tirées des végétaux, telles que les laques jaunes, etc.

On a de plus à craindre que les tableaux qui ne sont peints au vernis que dans quelques endroits, ne se gercent dans toutes les parties où il y a eu jonction des couleurs au vernis et de celles qui sont simplement à l'huile.

Il serait plus sage d'éviter, autant que possible, les dessiccatifs, comme les essences, sels de saturne ou autres, et d'attendre un peu plus longtemps pour vernir jusqu'à ce que le tableau fût bien sec ; alors on l'étendrait à plat et on y coucherait un ou deux vernis légers, dont on le frotterait avec beaucoup de promptitude et de légèreté.

Cependant, lorsque le tableau est bien sec, on peut suppléer au vernis, par un blanc d'œuf bien battu avec un morceau de sucre candi dissous dans l'eau et un peu d'ail pilé, mêlés à une cuiller à café d'eau-de-vie au kirsch ; alors, avec une éponge bien propre, on prend la mousse de ce mélange, sans aucune crasse, et on la passe légèrement et une seule fois sur le tableau. Par le moyen du sucre candi on prévient les gerçures que le blanc d'œuf pourrait causer, et par celui de l'ail on empêche que les mouches ne viennent salir le tableau. Après un temps jugé nécessaire, le peintre peut enlever la couche de ce mélange, avec une éponge imbibée d'eau claire, pour vernir alors sérieusement.

J'ajouterai encore au sujet de la peinture à l'huile que beaucoup d'artistes emploient la pommade *à retoucher* (1), qui se trouve chez les fabricants de couleurs fines, et qu'ils réussissent parfaitement à repeindre sur une partie quelconque d'un tableau qui aurait été enlevée avec un grattoir très-tranchant mais il ne faut pas abuser de ce moyen.

INDICATIONS PARTICULIÈRES SUR LA MANIÈRE DE PEINDRE LE PAYSAGE A L'HUILE.

Pour peindre un paysage à l'huile, il faut commencer par dessiner rapidement son sujet au crayon blanc sur une toile bien préparée et très-sèche. Lorsque le dessin est arrêté et bien terminé, on le retrace au pinceau avec de l'huile siccative et de la terre de Sienne brûlée. On ébauche ensuite son tableau le plus transparent possible et sans épaisseur de couleurs.

Le ciel s'ébauche ordinairement avec le blanc de plomb et le bleu de Prusse.

Les nuées dorées, avec du jaune de Naples, du blanc de plomb, et un peu d'ocre jaune.

Le ton des montagnes devant participer de celui du ciel, il faut se servir pour elles des mêmes teintes que

(1) Cette pommade que nous nommons *à retoucher* est le véritable vernis anglais ; elle est surtout utile par son mélange avec les couleurs qui, par leur nature, ont une tendance à couler, ou qui sèchent difficilement.

pour le ciel, mais faire dominer le bleu de Prusse, en y ajoutant une pointe de laque carminée.

Pour exprimer la réflexion du soleil sur les montagnes, on prend la première teinte dorée des nuages, dans laquelle on met un peu de jaune de Naples, et si l'on veut rendre la teinte un peu plus verdâtre, on y ajoute de l'ocre jaune.

Pour le devant de l'horizon, il ne faut se servir que de jaune de Naples.

Les terrains doivent se peindre sans employer de blanc; cette couleur dans les ombres est un poison.

Les tons gris se composent avec du jaune de Naples, de la laque et du noir de vigne. Avec ces trois couleurs on se procure les plus beaux gris possibles.

Les arbres s'ébauchent avec des teintes composées de stil-de-grain brun ou d'Angleterre, de terre d'ombre et de bleu de Prusse.

Les rochers doivent en général se traiter de la même manière, mais en supprimant le bleu de Prusse.

Le feuillé des arbres se fait avec du bleu, de l'ocre jaune et de l'ocre de rue, suivant les tons plus ou moins dorés qu'on veut leur donner.

Pour rendre les verts les plus lumineux, on emploie du stil-de-grain de Troyes. On peut aussi quelquefois faire usage des orpins jaunes et rouges, en les rendant siccatifs avec le sel de saturne.

Peinture.   3

Les couleurs qu'on emploie le plus ordinairement pour la peinture du paysage à l'huile sont :

Le blanc de plomb.

Le blanc dit d'argent.

Le jaune de Naples.

L'ocre jaune.

L'ocre de rue.

Le stil-de-grain de Troyes.

L'orpin jaune.

L'orpin rouge.

Le rouge d'Inde.

Le rouge de mars.

La terre de Sienne.

Le vermillon.

Le bitume.

La laque carminée.

Le brun rouge.

La terre verte.

Le stil-de-grain d'Angleterre.

La terre de Cologne.

Le bleu de Prusse.

Le noir de vigne.

Le noir d'ivoire.

Le brun Wandick.

Le jaune indien.

Il en est du paysage à l'huile, comme de tout autre

genre de peinture. Il y a une infinité de difficultés à surmonter ; il faut beaucoup d'étude, de travail et de soins pour parvenir à rendre la nature avec vérité. Un paysagiste, pour réussir, doit réunir non-seulement le goût, le dessin, la couleur, mais encore bien ordonner ses tableaux. Il ne suffit pas dans un paysage, que chaque objet pris séparément soit peint avec force et d'une manière naturelle ; il faut qu'il y ait de la proportion, de l'harmonie dans tout l'ensemble, et que toutes les parties du tableau se fassent valoir les unes les autres.

Les personnes qui désirent faire des progrès dans ce genre de peinture, ne peuvent se livrer trop long-temps au dessin : c'est l'âme de l'art. La plupart des jeunes gens ont le défaut de ne pas sentir cette vérité, et veulent presque toujours commencer par où l'on doit finir. Je crois qu'on doit d'abord s'attacher à étudier et à copier avec soin les dessins des anciens maîtres. J'indiquerai quelques-uns de ceux qu'à mon avis on peut consulter et dont on ne saurait trop s'efforcer d'imiter l'exactitude, la précision et les beautés.

Le Claude Lorrain doit être étudié pour l'harmonie et le coloris, c'est l'élève de la nature.

Le Vinance n'est pas moins estimable par la vérité qui règne dans tous ses tableaux. Les objets même les plus simples et les plus nus y charment l'œil de l'observateur. Ses troncs d'arbres, ses terrains, tout dans ses ouvrages respire le feu du génie et la marche de la nature.

Le goût, la légéreté de la touche des arbres de Lemoucheron, l'accord, l'harmonie parfaite qui règnent dans tous ses paysages, peuvent le faire compter au nombre des premiers maîtres.

Le savant Ruisdale peut être considéré comme le modèle des artistes, pour la manière de peindre les effets des nuages et des coups de soleil, la profondeur des forêts, les chaumières, les moulins, la transparence et la limpidité des eaux. Toutes les gouttes d'eau qui se précipitent de la roue de ses moulins semblent être autant de cristaux et forment des oppositions des plus agréables.

On admire avec raison dans les paysages du célèbre Berghem, les soleils couchants, les groupes de bestiaux qui viennent se désaltérer au milieu des eaux, etc. Tout semble avoir du mouvement dans ses tableaux, dont l'harmonie, l'ordonnance et l'ensemble ne laissent rien à désirer.

Je ne finirais pas si je voulais nommer tous les artistes célèbres qu'on peut aussi prendre pour modèles. Je citerai cependant encore, pour la manière de peindre les animaux, pour la netteté des eaux vives et la pureté du dessin, les Gouaspe, les Poussin, les

Waterloo, les Carle Dujardin, les Watteau, les Pol-
poter, les Salvator, etc. La hardiesse avec laquelle ce
dernier branche ses arbres, la variété de ses sites, la
marche grande et noble qui règne dans ses ouvrages,
ne peuvent manquer d'échauffer l'imagination et de
déployer le génie. Ses gravures pour les figures peuvent être regardées comme d'excellents modèles.

On ne trouve pas dans les ouvrages des artistes que
je viens de citer, comme dans beaucoup d'autres, qui
se sont laissés trop entraîner par le goût de la composition, cette raideur, on pourrait dire ce mauvais
goût qui détruit les beautés du tableau. C'est qu'ils
étudiaient constamment la nature, ne prenaient qu'elle
pour guide et parvenaient à en imiter les proportions,
l'ordre et la simplicité.

Je ne prétends pas cependant qu'il faille négliger
la composition. Lorsqu'on a copié pendant longtemps
des dessins et des tableaux de grands maîtres anciens
ou modernes, selon le goût et le sentiment que l'on
éprouve de la peinture, et fait une étude sérieuse et
soignée de chaque objet séparément; lorsqu'on s'est
appliqué à dessiner d'après nature, des troncs d'arbres, des arbres dans leur entier, des ruines, des fabriques, des moulins, des terrasses, des rochers, des
montagnes, les effets du soleil, de la lune, des plantes
de toute espèce, des animaux, etc., on peut se livrer

à la composition. C'est alors qu'ayant la tête bien meublée des objets qui plaisent le plus par leur variété dans la nature, on peut les représenter avec chaleur et enfanter des productions heureuses et intéressantes.

Quoiqu'il soit essentiel de consulter les meilleurs maîtres, parce qu'on jouit en un instant du fruit de leurs longues études et de leurs pénibles travaux, on ne doit pas cependant s'attacher à les copier toujours servilement de manière à n'être jamais rien par soi-même. Après avoir bien étudié et senti leurs beautés, il faut tâcher de se faire une manière de peindre à soi, en se livrant sans réserve à l'observation de la nature.

Pour tous les autres genres de peinture à l'huile, soit l'histoire, qu'il faut connaître à fond pour la représenter avec toute la vérité possible, soit les scènes d'intérieur ou de famille, il en est de même que pour le paysage; c'est-à-dire qu'il faut toujours étudier les grands maîtres et ne jamais s'écarter de la nature, autant que faire se pourra, et travailler selon son imagination et les sensations que l'on éprouve avant de faire son esquisse rapide.

Les maîtres célèbres que je recommanderai pour l'étude de la peinture à l'huile, sont : Van-Eyck, Léonard de Vinci, Fra Bartolomeo, le Pérugin, Raphaël, le Titien, le Corrège, Paul Véronèse, Rubens, Van-Dyck, Rambrandt, Le Brun, Greuze, Reynolds, etc., qui tous avaient leur manière de peindre, les uns par empâtement, les autres par glacis, et d'autres enfin par les deux manières réunies. Parmi eux il s'en trouve qui esquissaient par un lavis sur des toiles ou panneaux encollés à la détrempe, et d'autres qui travaillaient de suite en pleine pâte pour finir par des glacis très-brillants sur des toiles imprimées à l'huile en grisaille ; mais aujourd'hui que les arts sont cultivés avec plus de méthode et plus goûtés et répandus, les artistes peuvent employer tout leur temps à l'étude sérieuse et au travail, puisqu'ils trouvent facilement et sans grands frais, chez divers fabricants de couleurs fines, habiles et honnêtes, tout ce qui est nécessaire à tous les genres de peinture. Cependant je désignerai à la fin de cet ouvrage les maisons de fabrique auxquelles on doit s'adresser de préférence, et j'indiquerai en même temps en abrégé le règne d'où sont tirées toutes les couleurs, leur emploi particulier et celui auquel on doit les destiner, leur mérite comme aussi leurs défauts ; j'y ajouterai les diverses sortes de vernis et d'huiles dont on doit se servir de préférence pour la peinture à l'huile, et dans quelle circonstance.

PEINTURE A L'AQUARELLE.

On ne peut guère considérer ce genre de peinture, que comme un dessin enluminé dont les clairs sont exprimés par le blanc du papier.

Toutes les demi-teintes se font avec des couleurs transparentes et par conséquent sans épaisseur.

Les ombres se préparent ordinairement et d'abord, à l'encre de chine, et se glacent ensuite suivant les tons qui sont propres à chaque objet qu'on veut représenter.

Les teintes se composent comme celles pour la gouache, à l'exception qu'il ne doit jamais y entrer de blanc, et qu'elles doivent toujours être posées sans épaisseur. Les blancs sont remplacés par le papier.

Il faut avoir soin de peindre toujours les objets un peu plus brillants que la nature ne les présente, parce que l'encre de chine employée dans l'ébauche affaiblit toujours l'éclat des couleurs.

Dans ce genre de peinture, le bleu de Prusse tendant continuellement à pousser au noir, on ne doit l'employer que le moins possible.

La promptitude avec laquelle on reproduit à l'aquarelle les effets de la nature, rend cette peinture très-précieuse, et les morceaux exécutés en ce genre possèdent un vrai mérite, lorsqu'ils ont été travaillés par un artiste habile.

C'est par l'aquarelle que la plupart des amateurs commencent à étudier les effets des couleurs, et ce genre de peinture les conduit à tous les autres.

Et pourtant, il est aussi essentiel pour cette peinture que pour les autres, de savoir choisir des couleurs bien préparées, car si elles étaient trop encollées, soit par les gommes, soit par tout autre encollage animal, on courrait le risque de voir son ouvrage détruit en peu de temps, ou au moins ne présentant aucun intérêt.

Les couleurs principales pour l'aquarelle sont :

Le histre.

Le bleu de Prusse.

Le bleu d'Anvers.

L'indigo.

L'outremer Guimet.

Le cobalt bleu.

Le carmin.

Le vermillon de Chine.

Le carmin brûlé.

Le brun Vandick.

La cendre verte.

La gomme-gutte.

Le jaune de mars.

La laque jaune.

Le jaune de Naples.

Le rouge de mars.

Le stil-de-grain brun.

Le noir d'ivoire.

Les ocres.

La laque carminée.

Le vert de vessie.

Le jaune Indien.

Le rouge de Saturne.

Le rouge d'Inde.

PEINTURE A LA GOUACHE.

On peut regarder la peinture à la gouache comme ayant précédé toutes les autres : au moins est-elle une des plus anciennes que l'on connaisse.

Il est vraisemblable, et tout porte à le penser, que les premières couleurs employées pour ce genre de peinture ne furent autre chose que des pierres ou des terres broyées et rendues liquides par le moyen de l'eau. Mais comme ces sortes de couleurs n'avaient pas de consistance, on a cherché à leur en donner et on y a réussi par le moyen de différentes gommes. Néanmoins comme toutes les gommes noircissent et s'écaillent en séchant et altèrent la fraîcheur des couleurs, on y a substitué d'autres apprêts, dont je ferai mention dans ce Manuel, après avoir parlé des huiles et des vernis; je dirai seulement ici que les plus célèbres artistes en ce genre ne font usage aujourd'hui que de ces sortes d'apprêts, parce qu'ils n'ont pas, comme les gommes, le grave inconvénient d'altérer les couleurs et de les faire écailler.

Les difficultés que la peinture à la gouache présente, ont découragé plus d'un artiste. Il est très-rare de voir ce genre de peinture exécuté avec un plein succès, même par les peintres les plus consommés. Ils ont presque tous le défaut de tomber dans des teintes louches, opaques et grises; ce qui rend cette peinture poudreuse et blafarde à l'œil de l'amateur.

Au nombre des artistes qui ont pratiqué la gouache avec quelque succès, on compte Clarisseau, Machi et Pérignon. On remarque cependant encore dans leurs ouvrages, les défauts dont je viens de parler, c'est-à-dire, des teintes épaisses, grises et non transparentes, parce qu'ils ont employé avec excès le blanc et le noir qu'on doit laisser pour les seules peintures de décoration. Aussi ces artistes ont une touche lourde qui nuit infiniment à leurs travaux.

Ceux qui ont le plus excellé dans ce genre, sont : Vagner, Moreau et Bélanger. Leurs tableaux sont peints avec infiniment de légèreté; leurs demi-teintes sont transparentes, et leur feuillé léger approche fréquemment de la touche merveilleuse de Lemoucheron. Les ouvrages de chacun de ces peintres prouvent que la meilleure manière de peindre à la gouache est absolument celle que l'on a adoptée pour la peinture à l'huile : on ne doit empâter que les clairs ; ils doivent même ne l'être que faiblement, afin qu'on puisse juger de la légèreté, de l'adresse et du génie que l'artiste a mis dans son ébauche.

Pour peindre la gouache, il faut se procurer, autant que possible, une planche très-unie, en bois de noyer, de chêne ou d'acajou, de manière que toutes les parties du papier s'appliquent parfaitement sur le bois. On colle derrière la même planche une feuille de papier de même force que celle sur laquelle on veut peindre, afin que la planche ne se tourmente pas et que ni le temps ni les injures de l'air ne puissent la faire fendre.

Le papier doit être collé sur la planche avec une colle d'amidon ou de belle farine, à laquelle on ajoutera ce qu'on appelle *double size* (1) ou colle de Flandre transparente, purifiée au vinaigre avec du jus d'ail assez épais, afin d'empêcher le papier et le bois de se vermouler.

Par économie, on peut remplacer le bois par une

(1) Mots anglais qui signifient colle double.

feuille de carton préparée comme il est dit des planches de bois de chêne, etc.

La planche ou le carton ainsi disposés et bien séchés, on dessinera avec soin à la mine de plomb, l'objet qu'on veut peindre, en observant de marquer le trait au crayon assez fortement pour ne pas le perdre en ébauchant.

Cela fait, on commencera le ciel de son paysage avec une teinte composée de blanc, de bleu de Prusse et très-peu de laque carminée, afin d'éviter de rendre la teinte triste. On étendra cette teinte très-légèrement et sans épaisseur du côté opposé à l'horizon, amalgamant peu à peu du blanc dans cette teinte afin de la dégrader jusqu'aux montagnes ou autres objets qui se profilent sur l'horizon.

Pour ébaucher les montagnes, on se sert de la teinte première à laquelle on ajoute un peu plus de bleu et de laque, afin de rendre le ton plus prononcé, et de faire une opposition harmonieuse avec le ciel. On emploie une teinte dégradante à l'horizon pour former les clairs des montagnes.

Les arbres les plus voisins de l'horizon s'ébauchent avec la première teinte foncée des montagnes; on y mêle un peu de stil-de-grain d'Angleterre et du jaune de Naples, pour réchauffer le ton. Si dans la composition du tableau il se trouve plusieurs plans éloi-

gnés, on fait dominer plus ou moins le bleu de Prusse
et le stil-de-grain d'Angleterre, selon que les objets
sont plus ou moins éloignés.

On ébauche en général les rochers et les arbres des
premiers et des seconds plans, avec du stil-de-grain
d'Angleterre, de la laque et du vert de vessie mêlés
ensemble. Pour les arbres, il faut moins de bleu de
Prusse et de vert de vessie que de stil-de-grain brun.
Pour les rochers, on emploie la même teinte que pour
les arbres en y mêlant un peu des couleurs qui doivent
servir à les terminer et dont je parlerai ci-après.

Il est très-essentiel d'employer peu de vert de vessie dans la teinte des arbres, parce que cette couleur
glutineuse de sa nature graisse le papier si on l'a fait
dominer, et empêche les teintes secondes de s'étendre
avec facilité.

Si dans l'endroit qu'on veut représenter il se trouve
un lac ou une rivière, il faut avoir bien atténtion, en
ébauchant cette partie du tableau, de refléter avec la
même teinte de l'ébauche, les arbres, les côteaux ou
autres objets que la nature pourrait avoir placés auprès, en conservant dans l'eau les mêmes contours
que ceux de l'objet qui s'y trouve représenté.

Pour rendre la partie de l'eau que le soleil éclaire
de ses rayons, il faut employer la même teinte dont
on s'est servi pour les nuages que cet astre frappe

de sa lumière ; ce qui démontre la nécessité de conserver toutes les teintes réfléchies.

Quant à la partie de la demi-teinte et de l'ombre, on ajoute à la teinte de réflexion, partie de stil-de-grain d'Angleterre, partie de bleu de Prusse et partie de laque, et on l'ébauche avec ce mélange de couleurs. Pour les parties sombres, il ne faut se servir que de ces trois couleurs, en y ajoutant un peu de vert de vessie.

Après avoir terminé l'ébauche du tableau de la manière qui vient d'être prescrite, il faut faire sentir le feuillé des arbres et déterminer graduellement les parties plus ou moins privées de lumière.

La teinte la plus sombre doit être composée de stil-de-grain d'Angleterre, d'indigo, d'orpin jaune, ou d'ocre jaune, suivant le sujet qu'on peint.

Plus on arrive sur les masses éclairées de l'arbre, plus les teintes doivent être brillantes. On leur donne cet éclat avec l'orpin jaune.

Les rochers se rendent avec des teintes grises, violettes, ferrugineuses, verdâtres, verdâtres rompues.

Les teintes grises doivent se faire avec du jaune de Naples, du noir de vigne et un peu de laque. Ces trois couleurs amalgamées forment un gris vif et transparent.

Il faut éviter le blanc de plomb autant qu'il est

possible : c'est le poison le plus pernicieux pour la peinture, il contribue toujours à détruire la vigueur du coloris.

Les teintes grises s'emploient pour les surfaces privées de lumière, aussi bien que les teintes ferrugineuses. Ces dernières se composent avec de l'ocre de rue, de la terre de Sienne brûlée et un peu de vert de vessie. On peut les rendre encore plus vigoureuses en y ajoutant une pointe de noir d'ivoire.

Les teintes violettes se font en général avec le jaune de Naples, la laque et le noir de vigne.

Les teintes verdâtres se composent avec les bleus et les jaunes ; mais on ne doit jamais amalgamer les orpins avec la cendre bleue, la terre verte et le vert d'eau connu sous le nom de *Verdet cristallisé*. On ne peut espérer du mélange de ces couleurs, aucun ton vrai ou naturel ; elles se détruisent l'une par l'autre.

Les teintes verdâtres-croupies s'obtiennent avec l'ocre jaune, le stil-de-grain d'Angleterre et l'indigo.

Les glacés sont des teintes légères et transparentes qu'on passe sur diverses parties du tableau, afin de lui donner de l'harmonie. C'est à l'artiste à juger de la nécessité de les multiplier plus ou moins, en raison des parties qui doivent être plus ou moins privées de lumière. Ces teintes se composent en général avec du bleu de Prusse, de la laque et très-peu de vert de vessie. On ne peut donner à ce sujet aucune indication précise, parce qu'elles doivent être combinées en conséquence des tons sur lesquels on doit les appliquer.

Il faut avoir la plus grande attention en finissant un tableau, de bien conserver la légèreté et l'esprit de l'ébauche. Pour cela on doit bien se garder d'empâter les teintes : on les passe localement les unes sur les autres, même dans les terrains pour lesquels il faut absolument suivre la même méthode que pour les autres parties du tableau.

Ce n'est qu'en suivant les procédés qui viennent d'être indiqués, qu'on parvient à donner à la gouache la même vigueur et la même perfection qu'à la peinture à l'huile : elle demande une étude longue et assidue ; mais sa pratique est agréable et ne présente pas aux amateurs les désagréments que l'huile occasionne par les soins auxquels ce genre de peinture assujettit.

La peinture *à la gouache* demande beaucoup de propreté ; elle exige les couleurs les mieux purifiées et les mieux broyées, sans quoi elles ne pourraient se lier parfaitement ensemble, et les différentes teintes perdraient bientôt de leur fraîcheur.

Il est essentiel de connaître la nature et le mélange des différentes couleurs qu'on emploie, si l'on veut parer aux inconvénients que l'air et les vapeurs sulfureuses occasionnent. Il faut surtout avoir l'attention de ménager les orpins, ne les employer qu'avec précaution, ne s'en servir généralement que pour les touches piquantes du soleil, et que toutes ces couleurs en général soient apprêtées avec soin et selon la méthode que j'indiquerai à la fin de mon ouvrage.

Les couleurs les plus essentielles pour la gouache sont :

Le blanc de plomb.

Le jaune de Naples.

L'orpin rouge.

L'orpin jaune.

L'ocre jaune.

L'ocre de rue.

Le brun rouge.

La terre de Sienne.

La terre de Sienne brûlée.

La laque carminée.

La terre verte.

La cendre bleue.

Le brun Wandick.

La terre de Cologne.

Le vert de vessie.

La terre d'ombre.

L'indigo.

Le stil-de-grain d'Angleterre.

Le noir de vigne.

Le bleu de Prusse.

Le noir d'ivoire.

La laque jaune.

Je crois qu'il n'est pas inutile de répéter aux artistes et aux amateurs de ce genre de peinture, que le défaut des tableaux à la gouache étant ordinairement de paraître blafards et poudreux, il faut, pour parer à cet inconvénient, établir les dessous ou l'ébauche des premiers plans, avec des couleurs solides et transparentes, afin que les frottis légers qu'on passe dessus en finissant, participent de cette même transparence, et rendent l'effet vigoureux et bien déterminé.

PEINTURE EN MINIATURE.

L'usage semble tirer le mot *miniature* de celui de *mignard*, délicat, flatteur. En effet, la miniature, par la petitesse et le grand fini des objets qu'elle représente, semble en imitant la nature, la flatter et l'embellir; effet commun à tout ce qui est réduit, du grand au petit.

La miniature est le genre de peinture le plus généralement adopté par les amateurs des arts. C'est par là que commencent ordinairement toutes les personnes qui veulent peindre, après avoir dessiné quelque temps. J'ai cru, d'après cela, que j'encouragerais les jeunes Appelles, en leur indiquant tous les procédés nécessaires pour hâter leurs progrès et en leur traçant une marche aussi détaillée que sûre pour peindre parfaitement.

Malgré tout le mérite de la découverte ingénieuse et incomparable, jusqu'à ce jour, de la *photographie* par M. Daguerre, et, malgré toute l'admiration dont elle nous a frappé, il est facile de reconnaître que ce mode de représentation de la nature avec toute sa vérité, il est vrai, sur des plaques argentées, ou sur papier, ou sur verre (même les épreuves coloriées) est purement mécanique et s'éloigne tout à fait de l'art dont je traite spécialement dans cet ouvrage. J'ose donc espérer que les vrais amateurs me sauront gré de leur avoir indiqué les divers moyens qui devront les conduire à la perfection.

Cependant je conviens que dans des circonstances pressantes, la photographie est appelée à rendre d'immenses services, même aux arts, par la promptitude avec laquelle la nature est prise sur le fait, soit morte, soit vivante : vues, batailles, monuments, etc.

La miniature se peint sur le papier, le vélin ou l'ivoire. Les couleurs sont apprêtées avec des gommes ou des mordants, qui varient selon la nature de la couleur.

La plupart des artistes peignent la miniature sur

l'ivoire qui, à tous égards, est préférable au papier et au vélin, lorsqu'il est bien préparé.

L'ivoire exige une préparation un peu longue, sans laquelle il serait difficile d'y faire mordre la couleur. D'ailleurs il serait trop jaune, si on l'employait tel qu'il sort de chez les tabletiers. Il faut le blanchir, le dégraisser et le préparer ensuite de manière à recevoir la couleur.

On le blanchit en l'exposant entre deux glaces épaisses à la chaleur modérée du soleil, ou à une certaine distance du feu : on tourne les glaces toutes les demi-heures, afin que les deux surfaces de la feuille d'ivoire reçoivent une chaleur égale et ne soient pas exposées à se fendre. On ne doit l'ôter d'entre les glaces que quand le tout est parfaitement refroidi.

Lorsque l'ivoire est aussi blanc qu'on le désire, on le place sur une surface parfaitement unie, et on le râcle dans tous les sens avec un outil très-tranchant appelé *ébarboir*, afin d'enlever les inégalités qui pourraient s'y trouver. Lorsqu'il n'en reste plus aucune, on frotte l'ivoire avec de la pierre ponce pulvérisée un peu grossièrement et humectée avec du vinaigre distillé. On enlève avec cette pierre ponce les traits que l'ébarboir pourrait avoir faits, et le vinaigre, par son acide, ouvre les pores de l'ivoire, et le rend plus propre à retenir les couleurs. On essuie l'ivoire avec un linge, et on le frotte de nouveau avec de la pierre ponce en poudre très-fine, à l'aide d'un morceau de papier ou d'un tampon de coton très-sec. On continue cette opération jusqu'à ce que l'ivoire soit parfaitement uni et d'un beau mat.

L'ivoire ainsi préparé, on encolle les quatre angles avec de la gomme arabique très-épaisse, sur un carton léger, et on met le tout en presse pour l'empêcher de se voiler.

Les artistes doivent avoir plusieurs palettes en ivoire, dont une doit être réservée aux couleurs destinées pour les chairs. Ces couleurs sont, pour la plupart, légères et transparentes, parce qu'il est nécessaire qu'au travers des teintes on aperçoive toujours le blanc de l'ivoire, ce qui leur donne infiniment plus d'éclat que si elles avaient du corps. On ne les emploie que comme les glacis dans la peinture à l'huile.

Voici les couleurs pour les chairs, dont la première palette doit être composée. On trouve des palettes toutes chargées chez quelques fabricants de couleurs fines, mais il faut demander celles garnies avec le plus grand soin, des couleurs suivantes, savoir :

Le vermillon de la Chine.

Le carmin.

Le carmin brûlé.

Le rouge de Mars.

La terre de Sienne brûlée.

Le brun Vandick.

Le rouge de Saturne.

Le noir d'ivoire.

L'encre de Chine.

L'indigo.

L'outremer n° 1.

L'outremer n° 2.

Le précipité d'or rouge de Cassius.

Ls précipité d'or violet de Cassius.

Les couleurs principales pour les draperies et les fonds sont, outre celles pour les chairs :

Le blanc léger.

Le jaune de Naples.

L'ocre jaune.

L'ocre de rue.

Le brun rouge.

La terre d'ombre brûlée.

Le stil-de-grain de Troyes.

Le stil-de-grain d'Angleterre.

Le bleu de Prusse.

Le bleu d'Anvers.

La cendre bleue.

La laque carminée.

L'orpin rouge.

L'orpin jaune.

Le vermillon de la Chine ou le rouge de Saturne glacés avec du carmin donnent une superbe couleur écarlate.

Lorsque les palettes sont chargées, il est indispensable de les mettre sécher dans un endroit bien fermé, afin d'éviter la poussière et les émanations qui sont le fléau de tous les ouvrages de peinture.

Toutes les couleurs qu'on vient d'indiquer doivent être parfaitement broyées, lavées et purifiées à l'esprit-de-vin et préparées avec les apprêts qui leur conviennent. Il est donc très-important que ceux qui se dévouent à la préparation des couleurs, ne négligent rien pour en découvrir toutes les qualités, afin de donner à chaque couleur l'apprêt qui lui convient.

Pour éviter toute espèce de malpropreté et parer aux inconvénients qu'occasionnent toujours plus ou moins l'influence de l'air et des vapeurs septiques sur les couleurs, quelque pures et quelque bien préparées qu'elles puissent être, il convient de les tenir renfermées dans des petits flacons en verre, ou mieux encore en cristal, bien bouchés à l'émeri.

Pour la peinture en miniature, comme pour la gouache, on doit faire choix d'excellents pinceaux de différentes grosseurs; les uns pour ébaucher et peindre les accessoires et les fonds; les autres, plus pointus, pour finir les chairs.

L'appartement où l'on peint ne doit être éclairé que par un seul jour venant de la gauche et commençant à environ 1 mètre 60 centimètres au-dessus du plancher, de manière que la lumière ne vienne que d'en haut. Il faut avoir une table, ou mieux encore un pupitre assez élevé pour n'être pas obligé de se courber en travaillant; fixer son ouvrage sur le pupitre et avoir attention que les doigts ne touchent jamais l'ivoire sur lequel on peint, ce qui empêcherait la couleur de prendre parfaitement. On doit avoir un linge sur lequel on essuiera le pinceau afin de n'être pas obligé de le passer à la bouche, ce qui est également nuisible à la santé et à la peinture.

Les détails préliminaires qu'on vient de donner paraîtront sans doute minutieux aux artistes distingués qui ont su se créer une manière de peindre à eux et qui, par des moyens sans doute différents, parviennent à la même fin, celle de rendre la nature avec force et vérité; mais cet ouvrage n'est pas fait pour eux. Je n'ai eu en vue que d'être utile aux amateurs et artistes qui n'étant point en mesure d'étudier des maîtres, ont cependant besoin d'une marche sûre, de notions claires, simples et précises; car, dans la peinture en miniature, lorsqu'on travaille à tâtons, et qu'on est obligé de tourmenter son ouvrage en effaçant trop souvent, il est impossible que ce ne soit pas aux dépens de la propreté et de la fraîcheur des teintes, qui se ressentent toujours de la peine qu'a eue le peintre à les rendre. Je continue donc les détails.

La position étant prise comme je l'ai indiqué, et la feuille d'ivoire bien préparée, il faut commencer à peindre les carnations. Je prendrai ici pour exemples deux têtes de différents coloris : celle d'un homme, d'un ton chaud et vigoureux, et celle d'une femme, d'une teinte fraîche et transparente ; laissant à l'artiste ou à l'amateur le choix de varier à son gré les différents tons de couleurs qu'il désirera rendre, en prenant, selon le besoin, les tons intermédiaires des deux exemples que je mets sous ses yeux.

MANIÈRE DE DESSINER ET D'ÉBAUCHER UNE TÊTE D'HOMME.

Il faut avoir une pointe en argent fin, incrustée dans un manche de bois de la grosseur d'un crayon ordinaire, et aiguisée de même en pointe assez fine. C'est avec cette espèce de crayon qu'on tire la première esquisse, qui doit être faite avec beaucoup de légèreté.

Quand tous les traits sont arrêtés ainsi que l'attitude, qui doit être saisie très-promptement, on repasse dessus avec une légère teinte de carmin brûlé et un pinceau assez fin, en forçant un peu plus la place des ombres dans les parties qui exigent le plus de force, tels que les traits des yeux, le nez, les coins de la bouche, etc. Il est nécessaire, dans cette esquisse, de mettre bien chaque chose à sa place, afin de n'être pas obligé d'effacer. Si cependant on était forcé de le faire, il faudrait mettre sur la partie qu'on veut effacer un peu de pierre ponce en poudre, et frotter avec une estompe en papier.

L'esquisse ainsi arrêtée, il faut faire avec un pinceau à pointe plate, et dans un coin de la palette, une teinte composée de terre de Sienne brûlée et de très-peu d'indigo. Avec cette teinte on ébauche les masses d'ombre les plus fortes. La touche doit être ferme, et on doit tenir le pinceau un peu couché afin qu'il ne marque pas trop de la pointe. Il faut prendre garde surtout de jamais passer deux coups de pinceaux l'un sur l'autre, avant que le premier soit bien sec ; autrement, le second emporterait la touche du premier. On doit avoir soin de ne pas mettre trop d'eau à son pinceau, ce qui empêcherait de donner de la fermeté aux touches et d'étendre la couleur uniment.

Lorsqu'on a ébauché avec la même couleur les ombres les plus fortes, les sourcils, pour peu qu'ils soient foncés, et les prunelles, à moins qu'elles ne soient d'un bleu clair et peu déterminé, on ébauche les demi-teintes qui succèdent aux ombres en approchant des chairs. Cette ébauche se fait avec du rouge de mars, si la couleur des chairs que l'on veut rendre tire sur le rouge doré, et avec du vermillon mêlé d'un peu de carmin brûlé, si elle est un peu plus fraîche.

Les lèvres s'ébauchent avec du vermillon de la Chine et se finissent avec du carmin brûlé. On ébauche de même toutes les chairs avec du rouge, mais les teintes doivent être légères d'abord. On peut, en rapprochant des lumières, ajouter un peu de rouge de Saturne, plaçant toujours les couleurs les plus brillantes et les plus chaudes, dans les chairs, plutôt que dans les ombres et réservant l'ivoire pour les grandes lumières.

On doit encore examiner avec soin dans cette ébauche, si chaque partie ou chaque masse d'ombre est parfaitement à sa place; rectifier tout, fondre, adoucir, lier les ombres aux clairs, par des teintes toujours légères et très-faibles, et se ménager constamment la ressource de pouvoir forcer son ouvrage, plutôt que d'être obligé d'enlever de la couleur.

Après avoir ébauché les chairs comme on vient de l'indiquer, on avancera les cheveux, les habillements et le fond, afin de couvrir entièrement l'ivoire.

Si on veut faire des cheveux blancs, on amalgamera une très-petite quantité de blanc léger avec plus ou moins de noir, de bleu et de rouge, selon qu'on voudra qu'ils paraissent plus ou moins blancs ou gris.

Si les cheveux ne sont que légèrement gris, on mettra un peu moins de rouge.

S'ils sont rouges, on fera ressortir cette couleur en mettant beaucoup de rouge et très-peu de jaune.

Si l'on veut avoir des cheveux blonds, on amalgamera le blanc léger avec du noir, du rouge et du jaune; cette dernière couleur devra dominer un peu.

Si enfin ce sont des cheveux bruns qu'on veut peindre, on composera sa teinte avec de la terre d'ombre brûlée et du noir, sans y mettre de blanc.

Il faudra passer avec un pinceau un peu gros et à plat, un léger lavis de ces teintes, en laissant apercevoir au travers, les masses d'ombre et la forme des boucles que l'on aura placées auparavant. Sur ce léger lavis de la teinte des cheveux, on continuera à marquer des détails en arrondissant l'objet, comme je l'ai indiqué pour les chairs.

On fait les fonds, ou *gouachés*, avec des couleurs *opaques*, ou au *lavis*, avec des couleurs *transparentes*.

Ces derniers sont plus légers, plus faciles à exécuter, mais ils demandent plus de temps. Aussi est-on presque sûr de toujours réussir. Ils s'ébauchent en lavant à grands coups qui n'ont que peu de corps, tels que l'encre de Chine, le jaune de mars, l'indigo. On met plus ou moins de chacune de ces couleurs, selon qu'on veut faire la teinte plus ou moins chaude, plus ou moins aérienne. Ces fonds se finissent en pointillant par touches allongées. On parvient à les faire très-unis en serrant le travail.

Les fonds *gouachés* sont beaucoup plus difficiles à exécuter : ils demandent une grande habitude. S'ils ne réussissent pas dès la première fois, il faut les enlever et les recommencer.

Les fonds clairs se font avec du noir d'ivoire, du jaune de Naples, ou de stil-de-grain de Troyes, et de l'indigo.

Pour les fonds bruns, on emploie le noir d'ivoire, l'indigo et l'ocre de rue. On peut y ajouter un peu d'orpin rouge. Les fonds du ciel se font comme ceux à la gouache, indiqués à l'article *gouache,* dont il faut suivre tous les procédés, lorsqu'on veut mettre du paysage dans la miniature.

Il faut autant que possible éviter l'emploi du blanc dans les fonds.

Avant de commencer les fonds, il faut préparer ses

teintes, les employer ensuite avec un pinceau large et promptement, et ne jamais retoucher une partie sans couvrir le tout.

Les linges s'ébauchent de la même manière que les cheveux. On indique d'abord les masses d'ombre et les plis avec de l'encre de Chine ou du noir de vigne. Les reflets se font avec de l'ocre jaune ou un peu de jaune de Naples et du noir. Si on veut des teintes tirant sur le bleu, on les fera avec de l'indigo. On rehausse ensuite les lumières par des touches fermes sur lesquelles il ne faut pas revenir, afin d'éviter l'épaisseur de la couleur qui rendrait le linge lourd.

Quand les lumières sont trop vives, on les éteint par des glacis légers qui contribuent beaucoup à l'accord dans les portraits.

Les habillements s'ébauchent comme les fonds, avec des couleurs légères et transparentes, ou avec des couleurs opaques ou gouachées. Il serait inutile d'entrer dans le détail de toutes les teintes qu'on doit faire pour rendre les différentes couleurs des vêtements. Il suffira de dire qu'il faut, comme pour les fonds, avoir trois teintes, de *clair*, de *demi-clair* et d'*ombre*; les placer d'abord par grandes masses et à grands coups de pinceau, chacune à la place qui lui convient, et se réserver de rehausser ensuite les plus grandes lumières, ou de retoucher avec les couleurs les plus brunes, les ombres qui ne paraîtraient pas assez fortes. On pourrait donner plus de vigueur à la couleur, et dans ce cas seulement, en la mêlant avec un peu d'eau gommée : cela lui procurerait un ton plus brun.

Cette première ébauche ainsi faite par grandes masses, sans s'être trop occupé des détails, et l'ivoire entièrement couvert, on recommencera à travailler aux chairs. On lavera légèrement avec du bleu d'indigo, les parties du visage du côté de la lumière où les chairs ont une légère teinte bleuâtre, comme les tempes, le milieu du front, le contour de la bouche, le bas du visage, pour indiquer la couleur de la barbe, surtout si elle est noire, et toutes les parties fuyantes.

Il faudra ensuite revenir sur toutes les ombres, avec de légers glacis d'indigo, ou selon le besoin, d'indigo mêlé avec un peu de jaune de mars pour rendre la teinte un peu verdâtre, et avoir soin d'adoucir toujours le travail. Ces teintes bleues ou vertes servent à éteindre la couleur trop rouge des ombres, et à leur donner beaucoup de transparence ; ce qui n'arriverait pas si on mêlait le bleu ou le vert dans la première teinte au moment où l'on ébauche.

On continuera ces mêmes couleurs bleues sur les parties qui servent à fondre les grandes ombres avec les demi-teintes. C'est surtout dans ces paysages que les tons grisâtres sont le plus nécessaires ; mais il ne faut pas en abuser en les indiquant trop durement ; ce qui arrive ordinairement lorsqu'on n'a pas soin d'employer les blancs et les verts avec la plus grande légèreté. Il est bon de placer de temps à autre sa miniature à une certaine distance, pour juger de l'effet du tout ensemble. Sans cette précaution on serait exposé, après s'être donné beaucoup de peine, à voir le but de son ouvrage manqué.

C'est dans ce second travail qu'il faut prendre le plus de soin pour fondre, noyer, adoucir les teintes et les rendre telles que la nature les demande ; les former sans traits déterminés, sans lignes durement exprimées, surtout sur les parties tournantes, pour lesquelles on ne doit pas employer de couleurs brillantes, mais des teintes légères et vaporeuses.

Il faut relever les tons chauds par les masses de lumière ; ne placer jamais celles-ci auprès des grandes ombres, mais passer toujours par gradation d'une couleur à une autre, et finir par les lumières. On doit placer sous les yeux, et dans les autres endroits où elles sont nécessaires, de légères teintes violettes, avec du précipité de cassius ou du carmin brûlé, de même que des teintes dorées ou jaunâtres. Cela doit se faire très-légèrement, et en se réservant toujours la ressource de pouvoir ajouter de la couleur. On adoucira le plus qu'il sera possible, avec du vermillon, du jaune, du bleu ou du violet dans les lumières ; de la terre de Sienne brûlée et du bleu dans les ombres. On tâchera de lier tellement toutes ces teintes, que l'on ait peine à deviner quelles sont celles qu'on a employées.

Il convient de garder pour dernières touches, les plus fortes, comme le point noir des prunelles (il se fait avec du noir d'ivoire plus gommé que les autres couleurs), le trait des cils, et les sourcils du côté ombré, s'ils sont noirs. Pour les dernières touches de force du visage, on emploie du bistre ou de la terre d'ombre brûlée, avec du carmin brûlé.

Le point visuel se place quand le visage est fini.

Il est quelquefois nécessaire de rehausser avec un peu de blanc mêlé de jaune de Naples, certaines parties du visage, comme le dessus du nez, le coin des yeux, etc. ; mais il faut les indiquer très-légèrement et sans trop d'épaisseur de couleur.

Après ce dernier travail des chairs, il faut couvrir et finir entièrement le fond, avant de terminer les habillements et les cheveux. Cela est nécessaire surtout lorsqu'il est *gouaché,* parce qu'alors il exige une très-grande célérité, et que si l'on différait, on pourrait, sans le vouloir, recouvrir une partie des cheveux ou des draperies.

L'ouvrage doit se terminer par les habillements, afin de leur donner plus ou moins de force selon que la tête l'exige.

MANIÈRE DE DESSINER ET D'ÉBAUCHER UNE TÊTE DE FEMME.

Pour ébaucher une tête d'une carnation fraîche, telle que celle d'une femme ou d'un enfant, on suivra le même procédé qu'on vient d'indiquer, avec la seule différence qu'il faudra ébaucher les ombres avec un peu de vermillon mêlé de précipité de cassius, ou à son défaut de carmin brûlé, afin de rendre les teintes d'un ton plus violet. Pour les teintes qui suivent les ombres, elles se feront avec du vermillon pur, mais bien légèrement, surtout si la couleur de la peau est très-blanche. On réservera l'ivoire pour les plus grandes lumières.

Les teintes violettes se font avec du précipité de cassius ou du carmin brûlé. Pour les reflets sous le menton, on se sert de jaune de mars, et pour les ombres on emploie l'outremer pur, mais très-légèrement; si elles sont très-fortes, on y mêle un peu de la teinte indiquée pour les masses d'ombres, dans l'ébauche de la tête d'homme.

Les lèvres doivent s'ébaucher avec du vermillon, et se finir avec de très-beau carmin.

Pour une tête de femme, il ne faut employer que l'outremer n° 1 et n° 2 dans les tons où, pour une tête d'homme, on se servirait de bleu d'indigo.

C'est surtout pour les têtes de femme qu'il faut soigner la fonte des couleurs; elles doivent être mêlées, fondues, adoucies, jusqu'à ce que l'union et l'harmonie soient générales, et qu'il n'y ait plus aucune partie qui rappelle la palette du peintre, ou les couleurs originales. Cela doit avoir lieu dans tous les genres de peinture, mais principalement dans la miniature qui est faite pour être vue de très-près. Il faut que l'art y soit parfaitement caché.

On ne saurait trop recommander aux jeunes artistes et amateurs de s'attacher à une grande propreté et d'éviter la poussière avec le plus grand soin. Le peintre doit toujours avoir à côté de son ouvrage un pinceau très-doux de la grosseur du pouce, et le passer souvent sur ses palettes et sur son tableau.

Je dirai en finissant ce chapitre sur la peinture en miniature, qu'on fera bien de se procurer, outre les deux palettes d'ivoire chargées pour les chairs et les fonds, une troisième palette sans couleurs, mais grainée et matte, à la façon des feuilles d'ivoire sur lesquelles on doit peindre; c'est sur cette dernière palette qu'on mélangera toutes ses teintes, afin d'éviter la confusion des couleurs sur les autres palettes qui doivent toujours être entretenues dans un bon état de propreté.

PEINTURE AU PASTEL.

Le pastel est un genre de peinture moderne où les crayons font l'office de pinceaux. Le mot *pastel* vient de ce que les crayons dont on se sert sont faits avec des *pâtes* de différentes couleurs. C'est de toutes les manières de peindre la plus facile et la plus commode.

On peint le pastel sur le papier, le vélin et la toile. La *Rosalba* et *Latour*, qui ont excellé dans ce genre de peinture, peignaient sur un papier bleu vergé de Hollande qui n'avait aucune préparation. Les papiers bleus et gris que l'on fait maintenant en Angleterre et en France pour cet usage, sont aussi très-propres à recevoir le pastel, sans préparation. On doit choisir ceux qui ne sont pas lisses, mais à grains, car les premiers exigent la même préparation que demande la toile, et dont nous parlerons bientôt; sans cela ils cotonnent, et le tableau semble avoir été peint sur de la ratine.

Pour peindre sur le papier, on commence à tendre un canevas, dont les fils soient peu serrés et sans nœuds, sur un châssis en bois à clefs, puis on colle dessus le papier sur lequel on se propose de peindre.

Quand on veut peindre le pastel sur vélin, il faut choisir une belle peau bien dégraissée, et qui soit, autant que possible, de la même épaisseur dans toutes ses parties : sans cela on ne peut y établir le mordant, et alors le pastel tombe à mesure qu'on l'étend.

Après avoir mouillé légèrement le vélin du côté qui est lisse, on le tend sur un châssis à clef avec de petits clous à tête plate et on peint sur le revers de la peau, c'est-à-dire du côté de la chair, qui est préparé pour recevoir le pastel.

Le célèbre *Liotard* ne peignait le pastel que sur vélin.

Quand on veut peindre le pastel sur toile, on cloue sur un châssis à clef une toile très-fine et sans nœuds, mais qui ait assez de corps pour ne pas se déchirer. Les clefs aux angles des châssis servent à tendre de nouveau la toile, lorsqu'elle s'est relâchée.

Avant de peindre sur la toile, on l'enduit d'une préparation faite avec de la colle de Flandre la plus transparente et de la pierre ponce pulvérisée et passée au tamis de soie. On fait bouillir le tout sur un feu doux, en remuant jusqu'à ce que le mélange soit intimement opéré, et on étend de suite sur la toile avec une brosse dite *queue de morue*; on laisse bien sécher avant de s'en servir. La moitié d'une feuille de colle avec deux cuillerées de pierre ponce dans un litre d'eau donnent la proportion nécessaire. Quelques fabricants se servent aussi de verre blanc pulvérisé et passé au tamis comme la pierre ponce.

Si on veut gagner un temps précieux, on trouve chez les fabricants des toiles de toutes grandeurs très-bien préparées pour cette peinture et à peu de frais.

Lorsque la toile est entièrement sèche, avant de commencer à peindre, on passe sur toute la surface une pierre ponce très-tendre jusqu'à ce qu'elle soit parfaitement unie. Cela doit se faire très-légèrement, parce qu'en frottant trop fort, on enlèverait le mordant, et la préparation ne servirait à rien.

Soit qu'on prépare une toile ou un papier, il vaut toujours mieux y mettre moins que trop de colle; autrement l'apprêt deviendrait gras, et alors on ne peindrait qu'avec beaucoup de difficulté.

Les *Pillement* et les *Viviens* qui nous ont laissé de si beaux tableaux au pastel, peignaient sur toile. Les portraits du dernier sont de grandeur naturelle.

On ne peut se promettre de succès dans ce genre de peinture, sans s'être muni de pastels moelleux et dont les tons répondent à ceux qu'on voit dans la nature ou dans le tableau qu'on veut copier. Les pastels de Paris sont sans contredit les meilleurs; les célèbres *La Rosalba* et *Latour* ne se servaient que de ceux-ci, ce qui fait suffisamment leur éloge.

Lorsque le papier, le vélin ou la toile sont disposés

comme il a été indiqué, on fait l'esquisse du tableau avec un crayon tendre de fusain, que l'on tient avec les doigts, et non avec un porte-crayon. On arrête les traits avec un pastel brun-rouge; et si l'ensemble ne paraît pas assez exact, on corrige le trait avec un crayon plus foncé.

Si l'on veut effacer une partie de l'esquisse, qu'elle soit terminée, ou qu'elle ne soit encore qu'ébauchée, on enlève d'abord la couleur avec un linge propre, on met sur la partie effacée une pincée de pierre ponce passée au tamis de soie; on frotte avec le doigt, et on souffle pour enlever la pierre ponce; on peut alors recommencer à peindre.

Il y a cette différence entre la peinture à l'huile et la peinture au pastel, que dans la première on forme sur la palette le ton qu'on désire avant de le coucher sur la toile; dans la seconde au contraire, c'est la chose sur laquelle on peint qui sert de palette. Il faut souvent établir plusieurs tons les uns sur les autres, pour produire, en les fondant ensemble, celui que l'on voit dans la nature ou dans le tableau qu'on copie.

Presque tous ceux qui commencent à peindre le pastel, ont le défaut de n'employer que très-peu de couleurs. Il est vrai qu'en peignant un objet quelconque, une tête, par exemple, on doit être prudent dans le choix des teintes que l'on emploie ; mais quand on voit qu'elles rendent bien la couleur de l'objet, il faut les étendre avec fermeté et ne pas craindre d'en trop mettre. Les dessous doivent être vigoureux, selon le ton qui se présente.

Quand la tête est ébauchée de manière à ce qu'elle produise de l'effet à une certaine distance, ce qui ne peut arriver que lorsque la lumière, les ombres et les reflets sont bien à leur place, on examine s'il y a partout de la couleur suffisamment pour pouvoir fondre avec le doigt ; alors on procède à fondre les couleurs ensemble, en ayant soin d'avoir toujours devant les yeux l'objet d'après lequel on travaille. Après avoir passé le doigt, on compare le ton qui résulte du mélange des couleurs avec celui qu'on voit dans la nature, et l'on ajoute quelque chose si cela est nécessaire.

En fondant les couleurs ensemble, il faut avoir grand soin de bien conserver l'esprit de l'ébauche ; car autrement on est exposé à perdre ce qui pourrait le plus contribuer à la ressemblance : cela arrive surtout lorsque la personne dont on tire le portrait a beaucoup de jeu dans la physionomie ; parce qu'il est possible qu'elle se fatigue, et alors les muscles du visage n'ont plus la même expression. On court moins de risques lorsque la figure que l'on peint n'a pas ou n'a que très-peu de physionomie, parce que les muscles étaient plus en repos au moment de l'ébauche.

Lorsque la tête est entièrement fondue, on termine le reste du tableau par parties ; on a soin d'examiner de temps en temps le tout ensemble, et de donner dans divers points des touches qui amènent l'accord. On finit par des touches fines et spirituelles dans toutes les parties qui peuvent contribuer à l'expression, au relief et à la vérité. Ces dernières touches ne doivent pas être fondues, et être faites avec des crayons de couleurs fines plus fermes que le pastel ordinaire.

Dans tout ce que j'ai dit, j'ai supposé que la personne qui commence à peindre au pastel, sait non-seulement dessiner la figure, mais encore qu'elle a fait des études d'après le plâtre et la nature, pourvu toutefois qu'elle ait en elle le sentiment de la couleur ; car cela ne s'apprend pas.

Il en est du pastel comme de tous les autres genres de peinture : le meilleur moyen d'y réussir promptement serait de voir un bon artiste opérer. Cela joint à ses conseils sur le choix des couleurs, sur celles qui passent ou se détruisent par le mélange, pourrait rendre un amateur très-habile en peu de temps.

N'étant pas artiste moi-même, j'ai eu recours aux lumières d'artistes distingués, très-versés dans ce genre de peinture. Ils ont bien voulu me faire part de leurs connaissances sur ce sujet, et c'est d'après leurs principes que j'ai donné, avec conscience, les détails dans lesquels je viens d'entrer.

MÉTHODE POUR FIXER LE PASTEL ET TOUTES SORTES DE COULEURS.

Pour fixer le pastel avec succès, on place d'abord verticalement, ou sous une faible inclinaison, sur un chevalet, contre un mur, ou sur une chaise, la peinture au pastel que l'on veut fixer. On se munit d'une très-petite brosse à habits, dont les crins soient un peu courts, et d'une verge de fer de 16 à 20 centimètres de longueur, de forme triangulaire, et un peu recourbée par un des bouts. La branche d'un compas de sculpteur pourrait suppléer à cet outil.

Cela fait, on prend un demi-litre d'eau bien claire et très-pure, dans lequel on met huit grammes de bonne colle de poisson coupée en très-petits morceaux. On fait bouillir au bain-marie, jusqu'à ce que la colle soit parfaitement dissoute; on la passe dans un linge serré afin qu'il n'y reste aucun dépôt; on en verse un peu dans une soucoupe à mesure qu'on en a besoin, et au moment de s'en servir on y ajoute toujours le double d'esprit-de-vin de la meilleure qualité.

Pendant que cette mixtion est encore tiède, on imbibe les crins de la brosse dans la soucoupe.; on passe dessus, et à diverses reprises, le bout recourbé de la verge de fer, de manière à presser toujours les crins, en tirant à soi. Par ce moyen, on fait tomber la plus grande partie de l'eau, et les crins ne restent qu'un peu humectés. Après cela on présente la face de la brosse à 20 ou 25 centimètres du tableau, et on en presse les crins avec la partie recourbée de la verge de fer, en tirant toujours à soi, et en commençant par une des cornes. L'échappement de chaque crin lance d'aplomb sur le tableau, une espèce de rosée imperceptible qui pénètre le pastel et le fixe sans altérer la fraîcheur de la peinture. On a soin de tremper la brosse dans la soucoupe à mesure qu'on s'aperçoit qu'elle a besoin d'être humectée de nouveau, et on répète la même opération successivement sur toutes les parties du tableau.

Quand toute la surface est imprégnée de cette rosée, on la laisse sécher; après quoi on recommence le même procédé une seconde et une troisième fois. Un plus grand nombre d'aspersions serait inutile. Le but qu'on se propose est de lier ensemble toutes les particules du pastel, qui n'est en soi que de la poudre, de manière qu'en touchant on ne puisse l'enlever. On ne doit, dans aucun cas, frotter les tableaux au pastel; on les gâterait en altérant le velouté.

Ce serait une erreur de croire qu'une peinture au pastel une fois fixée, est susceptible d'être vernie. Le vernis ne pourrait qu'altérer les couleurs.

Dans la préparation de la colle, au lieu d'eau, il serait mieux de faire dissoudre cette colle dans du kirsch. Cette liqueur est même préférable, en ce qu'elle est plus spiritueuse et qu'elle sèche plus promptement : il en faut deux cuillerées contre une d'esprit-de-vin.

On peut, par la même méthode, fixer toutes sortes de dessins, avec cette différence seule, qu'au lieu de les incliner comme les tableaux, on peut les mettre à plat sur une table. Il y a cependant des ouvrages de très-grands maîtres qui ne peuvent être fixés par ce procédé, soit à cause de la pierre ponce, de la colle ou des autres apprêts dont ils ont fait usage, soit qu'ils aient verni leur ébauche et travaillé ensuite par-dessus.

Il est prouvé par une multitude d'expériences qu'au moyen de la mixtion dont je viens de parler, on enlève les taches de moisissure, et qu'on régénère et donne un nouveau lustre aux couleurs que l'air aurait altérées.

PEINTURE A FRESQUE.

Peindre à fresque, c'est employer avec art des couleurs détrempées avec de l'eau, sur un enduit assez frais pour en être pénétré.

Comme les peintures à fresque ne doivent durer qu'autant que les murs ou plafonds sur lesquels on les applique sont en bon état, il faut avoir la plus grande attention de donner à ceux sur lesquels on se propose de peindre, toute la solidité possible et de parer à tous les inconvénients qui pourraient occasionner des gerçures ou crevasses.

Ces précautions prises, et l'endroit sur lequel on veut peindre étant enduit, le peintre doit y travailler le jour même, et finir du premier coup tout l'ouvrage qu'il veut faire; c'est le caractère distinctif de la *fresque*. Cette nécessité, en enlevant des ressources aux peintres, les force à avoir sous les yeux une esquisse terminée de l'objet qu'ils veulent peindre et des mesures de la grandeur de l'ouvrage même; autrement ils ne seraient jamais assez sûrs de parvenir à cette unité de composition, à cet ensemble réfléchi et harmonieux qui approche de la perfection.

Cette précaution, avantageuse pour tous les genres de peinture, est indispensable pour la fresque, dans laquelle il est impossible de commencer par ébaucher tout l'ouvrage ; car il faut non-seulement qu'on ait achevé sa tâche dans la journée, mais que cette portion de la composition soit tellement exécutée, qu'après la composition de l'ouvrage, on ne puisse découvrir qu'il a été exécuté par parties.

Les couleurs le plus généralement employées pour peindre à fresque sont :

Toutes les terres colorées,
Le blanc de chaux,
Le blanc de marbre,
Le vitriol calciné,
Le bleu d'émail,
Toutes les ocres,
Le vert de montagne,
Le noir de vigne,
Le cinabre,
L'outremer.

PEINTURE EN ÉMAIL.

Si parmi tous les genres de peinture, il n'en est pas de plus solide ni de plus durable que la peinture en émail, puisque le temps qui détruit tout, n'en altère ni la beauté, ni la vivacité, on peut dire aussi qu'il n'en est aucun qui réunisse autant de difficultés dans son exécution.

La peinture en émail se fait sur des métaux couverts d'une pâte d'émail blanc. On se sert très-souvent de l'or ; mais à son défaut, on peut employer le cuivre rouge qui réussit présque aussi bien. Les plaques de métal doivent être embouties, c'est-à-dire concaves d'un côté et convexes de l'autre. On leur donne presque toujours une forme ovale ou ronde, parce que si elles étaient plates, le cuivre se tourmenterait au feu et ferait éclater l'émail. La convexité de la plaque émaillée ne doit cependant pas être trop sensible, cela nuirait à l'effet de la peinture : la vue ne se reposerait pas aussi bien sur tout le sujet à la fois, étant interrompue par le brillant que donnerait nécessairement la partie la plus élevée de la plaque, dans quelque jour qu'elle fût placée.

La pâte de l'émail ne doit pas être d'un blanc tirant sur le jaune, parce qu'elle jaunit chaque fois qu'on la passe au feu. On doit éviter aussi qu'elle soit d'un blanc trop bleu ; ce serait un inconvénient pour les chairs.

Les couleurs qu'on emploie sur l'émail, sont toutes des oxydes métalliques mêlés et fondus selon certaines proportions, avec un verre qui, dans le moment de la fusion, développe la couleur et l'attache à la plaque émaillée. Le verre fondu produit dans la peinture en émail le même effet que l'huile, les gommes ou les colles produisent dans les autres genres de peinture : il sert de lien aux molécules de la couleur, les attache à la surface de l'émail et les vitrifie avec lui. Employé dans une juste proportion, il donne aux couleurs un beau luisant et un vif reflet qu'on ne pourrait obtenir sans lui que difficilement.

Il serait inutile d'entrer ici dans des détails sur la manière de préparer les couleurs : on peut s'en procurer de très-bonnes chez quelques émailleurs ou marchands de couleurs fines. Les premiers se chargent aussi de préparer les plaques, et de les passer au feu chaque fois qu'elles ont été peintes. Quelques artistes ont cru nécessaire de faire eux-mêmes cette préparation, mais je crois qu'on peut très-bien s'en dispenser, surtout si on s'adresse à un ouvrier intelligent.

Il ne faut pas un grand nombre de couleurs pour la peinture en émail : avec celles que je vais indiquer, on peut parvenir à produire tous les tons possibles. On regardait autrefois comme nécessaire de se procurer des couleurs plus dures les unes que les autres. Les dures s'employaient dès les premiers feux, les tendres dans les derniers; et alors on modérait l'ardeur du feu qui aurait fait disparaître la couleur, s'il avait été donné trop fort. Nous regardons ces précautions comme assez inutiles.

Sans entrer dans aucun détail sur la composition

Peinture.   **7**

des couleurs, quant à présent, je dirai un mot sur les divers métaux dont on les tire.

L'or donne les pourpres, les cramoisis, les roses, les violets.

L'argent et l'antimoine produisent les jaunes.

Le cuivre, les verts.

Le cobalt, les bleus.

Du fer on tire des rouges foncés, des bruns et des noirs.

L'étain donne des blancs.

Les couleurs qu'on vient de nommer font la base ou plutôt la matière dont sont composées toutes les autres dont on se sert pour peindre en émail. Voici le tableau de celles dont on a besoin :

Poupre foncé.

Pourpre rose.

Pourpre violet.

Jaune foncé et doré.

Jaune clair doré.

Jaune très-pâle ou couleur de paille.

Bleu.

Vert.

Noir.

Brun très-foncé.

Blanc. — Cette dernière couleur sert pour rehausser.

J'indique ici trois sortes de pourpre, parce que le pourpre le plus foncé, employé pour les touches de force, et par conséquent avec épaisseur, produit un ton chaud et vigoureux ; au lieu qu'il donne un ton trop violet et qui ne tire pas assez sur la couleur rose, lorsqu'il est léger ou glacé.

Le second pourpre, qu'on appelle *rose*, produit l'effet contraire, c'est dire qu'il n'a pas de force lorsqu'il est épais, et qu'il donne un rose vif et très-brillant lorsqu'il est glacé ou posé sans épaisseur.

Il est donc à propos, quand on fait l'acquisition de ces couleurs, d'essayer le pourpre le plus foncé par des touches très-fortes, et le rose par des glacis très-légers, afin de voir s'ils répondent aux tons qu'on désire.

Le pourpre violet, tel qu'on l'achète chez les émailleurs est plus brillant que celui qu'on pourrait faire soi-même avec du bleu et du pourpre.

Il en est des jaunes comme des pourpres : ils ne donnent pas un ton aussi fort et aussi brillant, lorsqu'ils sont légers, que lorsqu'ils sont posés avec épaisseur : au moins cela est très-rare.

Le bleu est une couleur très-dure, qui prend toujours plus de force à chaque feu : il faut par conséquent n'en user qu'avec précaution, et pour les chairs seulement. On le mêle avec très-peu de jaune pour de rendre moins cru.

Les verts tirés du cuivre sont d'une couleur très-brillante, mais ils n'ont pas de solidité; ils ne s'emploient que dans les derniers feux, et dans les accessoires.

Les verts pour les chairs se composent avec du bleu et du jaune.

Comme il est très-difficile de se procurer des noirs très-solides, on ébauche les parties qui en exigent, avec un mélange de jaune foncé, de bleu et de pourpre ou violet ou très-foncé. On peut employer les trois derniers dans les derniers feux.

A défaut de bruns solides, on peut en composer avec les mêmes mélanges dont on se sert pour les noirs, en augmentant la dose du jaune foncé et du pourpre foncé.

Pour s'assurer de la qualité de ses couleurs, il faut avoir une plaque émaillée qu'on appelle *inventaire*. On y exécute au pinceau des traits légers; on numérote ces traits, et on met plusieurs fois l'inventaire au feu. Si l'on a eu soin de poser chaque couleur plus et moins fortement et d'épaisseurs inégales, ces inégalités détermineront, au sortir du feu, la force, la faiblesse, les nuances et la solidité de la couleur.

C'est ainsi que le peintre en émail forme sa palette qui doit être, pour ainsi dire, une suite d'essais plus ou moins nombreux, numérotés sur des inventaires auxquels il a recours, suivant le besoin. Il est évident que plus il y a de ces essais, plus sa palette est complète.

Ces essais sont composés ou de couleurs pures et primitives, ou de couleurs résultant du mélange de plusieurs autres. Ces dernières se forment comme pour tout autre genre de peinture, avec cette différence que dans les autres peintures, les teintes restent telles que le peintre les a appliquées, au lieu que dans l'émail, le feu les altère de mille manières différentes, et leur donne quelquefois beaucoup plus de brillant. Il faut donc que l'artiste ait tous ces effets présents à la mémoire : sans cela il lui arriverait de faire une teinte pour une autre, et souvent de ne plus retrouver celle qu'il aurait faite.

Le peintre en émail doit avoir en quelque sorte deux palettes, l'une sous les yeux et l'autre dans l'esprit. A chaque coup de pinceau qu'il donne, il faut qu'il ait soin de les accorder entre elles; ce qui lui serait très-difficile et peut-être impossible, si, lorsqu'il a commencé un ouvrage, il interrompait son travail pendant quelque temps; il ne se souviendrait plus de la manière dont il aurait composé ses teintes et serait exposé à chaque instant à mettre, ou les unes sur les autres, ou les unes à côté des autres, des couleurs qui ne sont pas faites pour aller ensemble.

On peut juger par là combien il est difficile de mettre de l'accord et de l'harmonie dans un morceau de peinture en émail, pour peu qu'il soit considérable. Le mérite du tableau peut être senti par tout le monde, mais il n'y a que ceux qui sont initiés dans cet art qui puissent apprécier tout le mérite de l'artiste.

Les couleurs doivent être réduites au plus haut degré de finesse et broyées à l'eau sur des glaces particulières pour chaque couleur. On ne doit en broyer qu'une très-petite quantité à la fois, parce que l'extrême division à laquelle elles sont réduites, fait que le fondant s'altère, qu'elles ne prennent plus un aussi beau brillant et que souvent elles ne polissent plus du tout. On les laisse sécher sur la glace qu'on couvre d'une feuille de papier; après quoi on les renferme, comme celles pour la miniature, dans de petits flacons exactement bouchés et privés d'air, pour s'en servir au besoin.

Les couleurs ainsi broyées, on se procure de l'huile essentielle de lavande; on la fait *engraisser*, afin que l'évaporation ne s'en fasse pas trop promptement. Pour cet effet, on en met 4 à 5 millimètres dans le fond d'un vase large et plat; on la couvre d'une gaze et on l'expose à l'ardeur du soleil, jusqu'à ce qu'on s'aperçoive qu'elle n'a plus que la fluidité de l'huile d'olive. Elle est plus ou moins de temps à s'engraisser, selon la saison. On met cette huile dans un flacon très-propre, et on recommence l'opération jusqu'à ce qu'on en ait une assez grande quantité. Si en la gardant trop longtemps, elle devenait trop épaisse, trop visqueuse, on y ajouterait un peu d'huile qui n'aurait pas été engraissée.

On peut aussi se servir de l'huile de lys qui s'emploie telle qu'on la trouve chez les parfumeurs. Elle a l'avantage de ne point s'évaporer, et laisse à l'artiste la faculté de juger de l'accord de son travail et de la force de ses teintes ; mais avant de faire passer la pièce au four, il faut l'exposer à un petit feu de charbon, et augmenter par gradation la chaleur, jusqu'à ce que l'huile soit évaporée entièrement. Si on la mettait dans le fourneau, telle qu'on vient de l'employer, les couleurs bouillonneraient, s'étendraient dans tous les tons, et le tableau serait perdu.

L'huile de lavande n'a pas tout à fait le même inconvénient, parce qu'elle s'évapore toute seule et assez promptement, mais il arrive que lorsqu'on a fini le haut du tableau, et qu'on continue le travail le lendemain, les couleurs de la veille se trouvent séchées ou embues, et on ne peut, à moins qu'on ait une grande habileté dans ce genre de peinture, retrouver la même force de tons pour continuer son ouvrage. Ce n'est qu'après avoir passé la plaque au feu, qu'on peut en juger. On peut donc employer l'huile de lavande en ébauchant, et lorsqu'on veut foncer quelques parties ou éteindre quelque lumière, pour mettre l'accord, se servir de l'huile de lys.

La couleur se délaie avec l'huile sur une petite glace, jusqu'à ce qu'on la sente sous la molette aussi douce que l'huile même. Elle se place sur une autre petite glace très-unie, et posée dans une boîte qu'on ne fait qu'entr'ouvrir pour garantir les couleurs de la poussière. Afin de mieux juger de la couleur des teintes, on met un morceau de papier blanc sous la glace, et pour éviter toute malpropreté et ne rien mêler d'une couleur avec une autre, on a soin de l'essuyer avec un linge très-fin, trempé dans l'esprit-de-vin chaque fois qu'on y délaie une nouvelle couleur.

Les couleurs premières se rangent dans une même ligne sur le haut de la palette dont on réserve le bas pour les mélanges. Il ne faut pas oublier de renouveler la palette tous les matins, les couleurs n'étant plus aussi bonnes lorsque l'huile s'est évaporée et a perdu sa fluidité.

La palette étant garnie, on prend avec un petit couteau d'ivoire une portion des teintes principales, et on fait les mélanges comme je vais l'indiquer, en suivant exactement pour peindre les chairs, la marche qui est donnée ci-dessus à l'article *miniature*. Je ferai connaître les couleurs qui, dans la peinture en émail, procureront les mêmes résultats pour les tons.

Après avoir essuyé avec un linge très-fin imbibé d'esprit-de-vin, la plaque émaillée sur laquelle on doit peindre, on trace très-légèrement l'esquisse de son sujet avec un crayon de mine de plomb. Lorsque cette première esquisse est arrêtée, on passe un linge blanc sur toute la pièce, afin de ne laisser de crayon que le moins possible ; sans cela, lorsqu'on passe la plaque au feu, les petites parcelles de crayon qui resteraient, feraient lever des œillets ou de petites boucles à la couleur qu'on aurait placée dessus.

Après cette opération, on fait avec du pourpre foncé, une seconde esquisse plus détaillée que la première. Ce second trait doit être aussi juste que possible, parce que, lorsque la couleur a été fixée par le feu, il est très-difficile de changer le moins du monde une chose de place. On peut se servir avec succès d'une pointe de bois dur taillée comme un crayon, pour corriger son trait, en poussant la couleur à droite ou à gauche, selon le besoin. Lorsqu'on est satisfait du premier trait et que tout est en place, on passe le tableau au feu pour la première fois.

Si après chaque fonte on s'apercevait qu'il se fût élevé de petites bulles d'air, ou que quelque couleur est restée rude, il faudrait, avec un petit morceau de pierre à l'huile douce, ou avec une pointe d'acier bien trempée, user la place sans cependant trop la creuser, jusqu'à ce qu'on aperçût le blanc du fond. En ce cas, avant de recommencer à peindre on passerait la plaque au feu pour repolir la partie frottée.

Cette seconde esquisse finie, et la plaque essuyée de nouveau avec un linge mouillé d'esprit-de-vin, on ébauche les ombres les plus fortes avec un mélange de pourpre foncé, de jaune foncé et de très-peu de bleu. Par le moyen de ces trois couleurs, on parvient à produire le même ton *rouge brun* que donnent la terre de Sienne brûlée et le bleu d'indigo. La manière de peindre et de poser la couleur est à peu près la même que lorsqu'on peint en miniature sur l'ivoire : la différence qu'il y a, c'est que l'huile séchant moins vite que l'eau, le peintre en émail a plus de temps pour ranger sa couleur, lorsqu'il l'a posée sur la plaque. Quand une touche est fondue et placée, il ne faut plus y revenir, mais attendre un autre feu ; sans quoi la trop grande quantité d'huile renfermée sous la seconde couche de couleur, ferait, au moment du feu, bouillonner celle qui est placée par-dessus et l'empêcherait de polir. Toutes les couleurs, en sortant du feu, doivent prendre à peu près le même degré de poli.

Pour achever d'ébaucher les demi-teintes jusqu'aux clairs, on fait une teinte d'un rouge plus clair, avec un mélange de pourpre et de jaune moins foncés ; on met plus ou moins de jaune, suivant le besoin. Si c'est une tête de femme que l'on peint, il faut employer le pourpre rose et le jaune clair. On peut avec ces teintes rouges, et sans autre mélange, travailler les chairs et les passer à deux feux de suite ; mais il faut à chaque feu avancer les cheveux, les fonds, les habillements, le tout ensemble et couvrir son émail partout.

On peint les fonds, comme dans la miniature, ou avec des couleurs légères, en lavis, ou avec des couleurs opaques et qui ont plus de corps. En général, il ne faut pas peindre les fonds bruns à petits coups, le travail en serait trop long et trop pénible : ces fonds se traitent à grands coups comme dans la peinture à l'huile. On ne doit point y employer de blanc, mais du jaune pâle qui en tient lieu et qui a assez de corps pour couvrir. Le côté le plus clair peut se faire avec du bleu, du pourpre foncé et du jaune pâle. Pour le côté brun, on se sert des mêmes couleurs, en substituant le jaune foncé au jaune clair.

On comprend qu'avec ces couleurs, on peut garnir sa palette de plusieurs teintes dégradées, et faire des fonds de différents tons en ajoutant plus ou moins des couleurs indiquées ci-dessus.

Les fonds de ciel se peignent sans blanc, en lavis, avec les mélanges de bleu, de jaune et de pourpre, selon le besoin.

Si on veut avoir une draperie écarlate brillante, il est nécessaire de l'ébaucher à plat avec un beau jaune très-vif ; on la passe ensuite au feu, et on recommence à peindre avec le pourpre ou rose ou foncé.

Lorsque toute la plaque émaillée est couverte de couleurs, on commence par recouvrir les ombres des chairs. On fait toujours les parties les plus fortes les premières. Pour cela, on se sert de bleu mêlé d'un peu de jaune foncé. On emploie du jaune plus clair, mêlé de bleu pour les demi-teintes, surtout sur les tons bleuâtres des clairs. Nous répéterons encore qu'il faut employer le bleu avec beaucoup de précaution, parce qu'il prend toujours plus de force chaque fois qu'il passe au feu. Les pourpres ayant aussi une disposition à tirer sur le violet, on ne risque rien d'employer assez de jaune dans l'ébauche des carnations.

Quand on a mis trop de vert sur les ombres fortes des chairs, il faut y passer un peu de violet ; s'il se trouve au contraire quelque partie trop violette, on y passe un peu de vert. C'est ainsi qu'en ternissant les tons trop brillants par des couleurs verdâtres ou bleuâtres, et en colorant un peu celles qui sont trop grises, on parvient à mettre de l'harmonie ; ce qui est une des plus grandes difficultés de la peinture en émail. Pour obtenir cet accord, il faut que les couleurs, quoique distinctes dans leurs clairs, soient presque les mêmes dans leurs ombres, comme si elles étaient toutes prises d'une même couleur.

Les linges peuvent se peindre avec du blanc, comme dans la miniature ; mais il ne faut pas employer cette couleur trop épaisse.

Comme on retouche les tableaux à l'huile, on peut aussi, tant que l'on veut, retoucher la peinture en émail ; mais à chaque fois il faut passer le tableau au feu.

Les derniers feux ne servent que pour donner l'accord et donner les touches de force qui doivent rester fermes ; par conséquent il ne faut pas que la chaleur soit excessive.

On ne doit pas épargner les feux ; on peut en donner neuf ou dix, si les couleurs sont bonnes. Un plus grand nombre pourrait les dégrader.

Pendant le temps du travail, le tableau doit être placé dans une boîte plate dont le fond est garni d'une cire molle propre à le fixer. Il faut avoir soin de bien fermer cette boîte, dès qu'on quitte un instant son ouvrage.

DES COULEURS EN GÉNÉRAL.

Quoique par une habitude prise dès notre enfance, nous rapportions la couleur aux corps, cependant il est évident et universellement reconnu que le mot *couleur* ne désigne aucune propriété des corps, mais seulement une perception sombre, c'est-à-dire une sensation particulière qui est la suite de l'ébranlement produit dans l'œil par le fluide lumineux.

Les corps que nous appelons *colorés*, ne doivent être considérés que comme des corps qui réfléchissent la lumière avec certaines modifications; la différence des couleurs venant de la différente texture des corps, qui les rend propres à donner telle ou telle modification à la lumière.

Les couleurs *dans les corps* ne sont qu'une disposition du corps à réfléchir telle ou telle sorte de rayons de lumière, plutôt ou plus abondamment que les autres : les couleurs *dans les rayons de lumière* ne sont que les dispositions de ces rayons à porter tel ou tel mouvement dans nos organes; enfin les couleurs *dans nous-mêmes* ne sont que des sensations de ce mouvement, sous l'idée des couleurs.

Les couleurs ne sont pas plus dans les corps, que

le son dans une cloche, dans un instrument de musique, ou dans tout autre corps sonore : or, le son n'est point une propriété de ces corps ; ce n'est dans eux que le résultat d'un mouvement de vibration ; ce n'est dans l'air qu'un mouvement pareil communiqué par celui de ces corps ; ce n'est enfin dans nous-mêmes ou dans nos organes qu'un sentiment de ce mouvement sous l'idée de *son*.

D'après le célèbre Newton, les rayons de la lumière ne nous donnent que sept couleurs principales ou primitives, qui sont : le *rouge*, l'*orangé*, le *jaune*, le *vert*, le *bleu*, l'*indigo* et le *violet*. Toutes les autres couleurs, depuis le *blanc* jusqu'au *noir*, ne sont qu'un mélange de ces couleurs principales, différemment combinées. Le *blanc* et le *noir*, ne peuvent être comptés au nombre des couleurs : le premier n'est qu'un composé de toutes les couleurs principales confondues ensemble ; le second n'est que l'absence de toute couleur.

Cependant, des peintres éminents, malgré le grand nombre de couleurs qu'ils emploient sur leur palette, ne reconnaissent que trois couleurs primitives : le *jaune*, le *rouge* et le *bleu*, qui, combinées deux à deux, donnent naissance à trois autres couleurs qui sont : l'*orangé*, le *vert* et le *violet*, de façon que l'échelle chromatique n'a plus, selon eux, que six divisions distinctes, comme suit : le *jaune*, l'*orangé*, le *rouge*, le *vert*, le *violet* et le *bleu*. (Cette dernière observation me paraît logique.)

Après avoir donné une légère idée de la théorie des couleurs, nous allons maintenant les considérer sous leur rapport avec les arts et surtout avec celui de la peinture qui est le but de cet ouvrage.

Toutes les couleurs dont on se sert dans la peinture, sont composées de matières *minérales*, *végétales* ou *animales*, et quelquefois des unes et des autres combinées. Je traiterai en particulier de chacune des couleurs qui sont ordinairement employées dans les différents genres de peinture.

Il paraît que la nature a constamment employé les différentes modifications du fer, pour colorer les *minéraux*, les *végétaux* et les *animaux*; les autres métaux n'entrent pour rien dans la colorisation des corps naturels, ou du moins n'y entrent que plus rarement.

Les différentes dissolutions du *fer* fournissent le jaune, l'orangé, le *rouge*, le *violet*, le *bleu* et le *noir*.

Le *cuivre* mis en dissolution de diverses manières colore les objets en *bleu*, en *vert* et en *noir*.

L'or, à l'état d'*oxyde*, donne le *pourpre*, qu'on fait passer souvent au *violet*, au *brun* et au *noir*.

Les dissolutions et calcinations du *plomb* fournissent le *blanc*, le *gris*, le *minium*, la *litharge jaune*, la *litharge blanche* et le *noir*.

La dissolution d'étain sert à donner à l'*écarlate* une partie de sa beauté.

Le *cobalt* donne à l'émail une couleur bleue.

La combinaison du *mercure* et du *soufre* forme une couleur rouge appelée *cinabre*.

On appelle *couleur locale* en peinture, celle qui par rapport au lieu qu'elle occupe, et par le secours de quelque autre couleur, représente un objet particulier, comme une *carnation*, un *linge*, une *étoffe*, ou quelque autre objet distingué des autres. On l'appelle *locale*, parce que le lieu qu'elle occupe l'exige telle pour donner un plus grand caractère de vérité aux couleurs qui lui sont voisines. La *couleur locale* est soumise à la vérité et à l'effet des distances.

On appelle *couleurs rompues*, ou *demi-teintes* en peinture, un mélange de *deux* ou de *plusieurs couleurs* qui tempèrent le ton de celle qui paraît principalement. Elle n'est pas aussi éclatante, mais elle fait briller les autres, qui lui donnent réciproquement de l'effet : c'est elle qui en corrige et en attendrit la crudité.

Les couleurs n'acquièrent l'éclat qu'elles doivent avoir, qu'autant qu'elles sont entièrement dépouillées de toute matière hétérogène. Rien ne peut leur être amalgamé sans leur nuire. Ce principe démontré par l'expérience, fait sentir la nécessité de n'employer dans la peinture que l'huile la plus pure et l'eau la mieux distillée.

On est forcé dans toutes les peintures à l'eau, de préparer les couleurs avec des apprêts, pour les fixer sur l'objet sur lequel on peint. Ce mélange doit être combiné en raison de l'espèce de couleur qu'on emploie. Presque toutes exigent des mélanges différents, et encore tous ces mélanges nuisent-ils plus ou moins à la couleur, parce que les parties hétérogènes avec lesquelles on l'allie, changent alors la nature du composé, le mettant dans le cas de réfléchir différemment les rayons de la lumière. D'où il s'ensuit, que toute couleur qu'on aura amalgamée avec trop d'apprêt (quand même cet apprêt lui serait propre) prendra une nuance différente qui, avec le temps, deviendra de plus en plus foncée, parce que tous les corps liants absorbent, en séchant, les rayons lumineux qu'ils réfléchissaient auparavant.

Il est donc bien important pour la conservation des peintures à la détrempe, de n'employer dans la préparation des couleurs, que la quantité d'apprêt qui leur est nécessaire et de ne faire usage que de celui qui est propre à la nature de la couleur que l'on prépare.

Tableau des différentes Couleurs classées d'après les règnes d'où elles sont tirées.

Couleurs tirées du règne animal.

Cochenille.

Carmin.

Pourpre.

Pierre de fiel.

Laque carminée.

Encre de la Chine.

Blanc de perle.

Blanc de coquille d'œuf.

Matières bitumineuses et charbonneuses animales.

Noir d'ivoire.

Noir d'os.

Noir de cerf.

Couleurs tirées du règne végétal.

Résines. . . . . . { Copal.
Gomme-gutte.
Sandaraque.
Sang-dragon.

Gommes. . . . . . { Gomme arabique.
Gomme adragante.
Gomme Sénégal.

Fécules. . . . . . {
Jaune indien
Indigo.
Vert de vessie.
Vert d'iris
Bleu de tournesol.
Stil-de-grain de Troyes.
Stil-de-grain brun artificiel.
Laques jaunes diverses.
Laques de garance.
Laque carminée.

Matières bitumineuses et charbonneuses végétales.

Noir de charbon.

Noir de fumée.

Noir de vigne.

Noir de pêche.

Noirs de liège et de café.

Bistre.

Bitume, ou asphalte.

Couleurs tirées du règne minéral.

Or. . . . . Précipité d'or de cassius.

Argent. . . . . . . Blanc d'argent.

Mercure. . . . . . Cinabre ou vermillon.

Fer. . . . . {
Ocres.
Jaune de Mars.
Terre de Sienne.

Fer.	Terre d'ombre. Terre de Cassel ou brun Vandick. Terre de Cologne. Brun rouge. Rouge d'Inde. Vitriol calciné. Stil-de-grain brun naturel. Bleu de Prusse. Bleu d'Anvers. Vert de Prusse.
Cuivre.	Verdet. Verdet distillé. Bleu de montagne ou azur de cuivre. Cendres bleues. Vert de montagne ou malachite. Cendres vertes. Vert d'azur. Terre verte.
Plomb.	Blanc de plomb ou de Krems. Massicot Minium. Rouge de Saturne. Jaune de Naples ou Giallolino.
Cobalt.	Smalt. Bleu d'émail. Bleu violet.
Arsenic.	Orpiment. Réalgar.
Zinc.	Blanc de zinc.
Cadmium.	Jaune ou sulfure de cadmium.

Chrôme. . . . . .   Jaunes de plusieurs nuances et orangé.

Terres et pierres. .   Oxyde vert de chrôme.
Blanc d'Espagne ou de Bougival.
Blanc de chaux.
Lapis-lazuli. Outremer.
Outremer factice, de M. Guimet.

Je ne suivrai pas dans le cours de cet ouvrage l'ordre que je viens d'indiquer. Je classerai les couleurs suivant leurs différents tons ; c'est-à-dire que je traiterai d'abord des *blancs,* ensuite des *jaunes,* et ainsi de suite ; et pour donner plus de facilité aux lecteurs, j'ajouterai à la fin de ce traité, une liste de chacune d'elles par ordre alphabétique.

BLANCS.

Le blanc étant une espèce de couleur très-essentielle dans la peinture, je vais parler de toutes les variétés de cette couleur qu'on emploie ordinairement, et indiquer celles que je crois les plus propres à chaque genre de peinture.

Blanc dit d'Espagne.

Le blanc le plus commun est celui qu'on appelle *blanc d'Espagne* ou de *Rouen,* ce n'est qu'une craie blanche ou carbonate de chaux qui se divise très-facilement dans l'eau. Pour la purifier, on la lave avec soin à grande eau, le gravier tombe au fond du vase, on recueille l'eau blanche qui est égouttée sur un filtre en toile serrée, et quand le blanc est presque sec, on le met en petits pains, puis on le laisse sécher à l'air.

Ce blanc est d'un grand usage pour la peinture en détrempe ; mais il ne peut servir ni à l'huile, ni pour la miniature.

Blanc de chaux.

Ce *blanc*, le meilleur qu'on puisse employer pour la peinture à *fresque*, se mêle aisément avec toutes les couleurs. L'usage en est bon et facile, pourvu qu'il soit composé d'excellente chaux, éteinte depuis quelques mois. On purifie ce blanc par l'eau comme le précédent et de la même manière.

Il y a des peintres qui mettent parties égales de *blanc de chaux* et de poussière très-fine de *marbre blanc*, et qui peignent avec cette composition bien broyée.

Blanc de coquilles d'œufs.

Ce blanc qui peut être employé en peinture fine, est composé de la manière suivante :

On prend une certaine quantité de coquilles d'œufs;

on les pile et on les nettoie en les faisant bouillir dans l'eau avec un morceau de chaux vive. On les lave et pile de nouveau à l'eau pure de rivière, et lorsqu'on est arrivé au point de finesse et de propreté nécessaire, on broie sous la molette; réduite à son plus haut degré de finesse, on laisse sécher au soleil.

Blanc de plomb ou de krems.

Le blanc de plomb dont on se sert beaucoup dans la peinture à l'huile, est un carbonate de plomb, d'un très-beau blanc ; on le fait en exposant des lames de plomb à la vapeur du vinaigre. Cette matière est aussi connue sous le nom de *céruse*.

Tous les blancs de plomb ont l'inconvénient de jaunir ou de noircir avec le temps par les vapeurs sulfureuses qui se trouvent toujours en plus ou moins grande quantité dans l'air, ou pour mieux dire en se combinant avec l'hydrogène sulfuré qui existe toujours plus ou moins dans l'air. M. Thénard a trouvé avec l'eau oxygénée le moyen de faire revenir à leur première blancheur les touches de blanc noircies par les vapeurs hydrosulfurées. M. de Morveau a eu l'idée ingénieuse de substituer l'oxyde de zinc à la céruse, et a rendu par là un grand service à la peinture, mais cette matière couvre peu.

Blanc de zinc.

Le blanc ou oxyde de zinc a la propriété de ne s'altérer par aucune des réactions qui noircissent sur-le-champ tous les blancs tirés du plomb.

Le blanc de zinc se mêle parfaitement avec toutes les couleurs ; mais comme il manque de corps, il couvre peu ; alors pour obvier à cet inconvénient, on l'amalgame avec du blanc d'argent, qu'on obtient de la manière suivante :

Blanc d'argent.

Le blanc d'argent s'obtient en lavant les lames de plomb attaquées par le vinaigre dans la fabrication de la céruse, avec de l'eau dans des caisses carrées en bois, divisées en sept ou huit compartiments. L'eau entraîne cette céruse et la distribue dans les compartiments, suivant l'ordre de leur densité. Le blanc qui se rend dans ce dernier compartiment, et qui est le plus beau et le plus léger, constitue le blanc d'argent.

Blanc de perle.

Pour obtenir le blanc de perle, on prend des écailles d'huîtres calcinées par le soleil sur le rivage de la mer, et on les traite de la même manière que les co-

quilles d'œufs. On lave le résidu qu'on fait aussi sécher au soleil.

Le blanc de perle peut être employé avec avantage
dans la miniature.

JAUNES.

Jaune de Naples ou Giallolino.

On a longtemps fait usage du jaune de Naples,
avant d'en connaître l'origine et la nature. Il ressemble
à une pierre poreuse et sablonneuse, grenue et d'un
beau jaune. Pendant longtemps on l'a tiré de Naples,
où une seule personne le fournissait autrefois.

On a prétendu que c'était un produit d'un volcan,
perfectionné dans sa couleur jaune par le séjour qu'il
a fait dans la terre, ou comme les matières ferrugineuses à demi-vitrifiées et dont la vitrification impar-
faite s'est ensuite décomposée, mais c'est par erreur;
on a reconnu au contraire que le jaune de Naples est
une production de l'art et un composé métallique. On
est parvenu à en faire de parfaitement semblable à
celui de Naples, par divers procédés, et en particulier
en incorporant à de la céruse, de l'alun calciné, du
sel ammoniac et de l'antimoine diaphorétique; mêlant le tout dans un creuset bien fermé et l'exposant
pendant 12 heures au feu de réverbère d'un potier, à
la partie supérieure du four.

Le jaune de Naples donne une couleur plus douce et plus grasse que les orpins, les massicots et les ocres ; il s'allie avec toutes les autres couleurs, fait très-bien dans les fonds et les terres, à l'huile ou à la gomme, et ne change pas. Il faut éviter de le broyer ou de l'employer avec un couteau de fer ; la corne ou l'ivoire sont préférables.

Orpiment ou orpin et réalgar.

On rencontre très-souvent dans la nature l'arsenic combiné avec le soufre. La plus ou moins grande quantité avec laquelle ce soufre entre dans la substance produite, donne naissance à l'orpiment ou au réalgar ; le dernier renferme plus de soufre que le premier.

L'orpiment est assez ordinairement en masses irrégulières, solides et souvent lamelleuses, d'un beau jaune citron, tirant sur le verdâtre ou le rougeâtre, suivant la proportion dans laquelle le soufre y est entré ; quelquefois même sa couleur, d'un jaune foncé, a le luisant et le brillant de l'or ; alors sa substance est habituellement lamelleuse.

Le soufre en entrant en plus grande quantité dans son union contractée avec l'arsenic, donne naissance au *réalgar* qui souvent est transparent et d'un si beau rouge, qu'il a été comparé au *rubis*, ce qui lui a fait donner par quelques auteurs le nom de *rubis d'arsenic*. Il se présente, de même que l'orpiment, en masses informes plus ou moins volumineuses, mais souvent aussi en cristaux ; ce qui arrive rarement à l'orpiment.

Ces deux substances se trouvent en grande quantité en Souabe, en Hongrie, en Syrie, en Valachie, en Bohême, au Pérou, en Perse, au Japon, etc. Dans ce dernier pays, ainsi qu'en Chine, on fait avec le réalgar des vases dont on dit que les Indiens et les Chinois se servent pour se purger, en y laissant séjourner pendant quelque temps du vinaigre, du jus de limon, etc.

Les orpins et le réalgar sont des poisons très-actifs, et l'on ne doit jamais s'exposer à leurs vapeurs qu'avec beaucoup de précaution. Les peintres qui les emploient en sont souvent incommodés.

L'orpin jaune est très-propre à la composition des verts, surtout lorsqu'il est mêlé avec l'indigo. Il se marie aussi très-bien avec tous les autres bleus, excepté avec la cendre bleue : avec cette dernière couleur il prend un ton noirâtre, et est difficile à employer.

Jaune de chrôme (chrômate de plomb).

On obtient cette couleur avec une partie du minerai purifié de chrôme, contenant l'oxyde de chrôme, mêlé avec une demi-partie de nitrate de potasse ; après avoir bien lavé, on filtre la lessive et on la verse dans une dissolution de nitrate de plomb, on lave le précipité et on fait sécher à l'ombre.

Cette couleur, qui est peu solide, doit être employée avec ménagement.

Jaune minéral (oxichlorure de plomb).

Cette couleur est une combinaison de plomb et de chlore qui donne pour résultat un jaune pâle qu'on peut employer avec quelque succès, soit avec les ocres, soit avec le jaune de Naples, mais en tâtonnant.

Jaune indien.

L'urine des vaches ou des chameaux qui ont mangé des fruits du *mangostana mangifer,* contient dans quelques parties des Indes orientales, dans la saison la plus chaude, une matière colorante jaune que les Indiens séparent en évaporant l'urine et exposant à l'air le résidu en forme de boules piquées au bou de bâtons fichés en terre, pour obtenir la dessiccation c'est à l'état sec que nous recevons ces boules de jaune. Cette couleur peut être employée à l'huile e à l'eau. On peut la regarder comme l'*outremer* de couleurs jaunes.

Jaune de cadmium (sulfure de cadmium).

Cette couleur jaune tirant sur l'orangé est très-belle et très-précieuse. Les chimistes la supposent très-solide, mais la rareté du cadmium ne permet pas encore son emploi général; c'est fâcheux, car cette couleur s'allie parfaitement à toutes celles tirées du règne minéral.

Pierre de fiel.

La pierre de fiel se trouve dans le fiel de bœuf. Broyée très-fine, elle fait un jaune doré très-beau, qui n'est d'usage qu'en miniature et à l'aquarelle. Cette couleur devient brune au contact des rayons de la lumière.

Massicot.

Le massicot est un oxyde de plomb de couleur jaune. Lorsqu'on fait fondre du plomb, il se forme à sa surface une poudre grise qui est un véritable oxyde de ce métal. Si après avoir enlevé cette poudre grise, on l'expose à un feu plus violent, elle devient jaune, et c'est ce qu'on appelle *massicot*.

On peut distinguer trois sortes de *massicot*, le *blanc*, le *jaune* et le *doré*. Ce sont trois espèces d'oxyde de plomb qui ont éprouvé des degrés de feu différents.

Le massicot est utile pour tous les genres de peinture qui doivent avoir du corps.

Gomme-gutte.

La gomme-gutte est un suc résineux et gommeux, d'une couleur de safran jaunâtre, formé en masses rondes ou en petits bâtons cylindriques, sans odeur et presque sans goût. Elle nous vient des Indes orientales. Elle découle de divers arbres, dont l'un est *l'hebradendron cambogioïdes* suivant Graham, et l'autre, le *guttæfera vera* de Gamboge et de Ceylan, d'après Kœnig, etc.

Les anciens ne connaissaient point du tout la gomme-gutte. Depuis un siècle elle est beaucoup employée par les peintres et les dessinateurs au lavis, parce qu'on en tire un très-beau jaune facile à appliquer : elle ne doit pas être employée pour les autres genres de peinture ; le temps la fait noircir.

Jaune de mars

Les expériences que j'ai faites sur la nature, la composition et l'usage du jaune de mars, m'ont mis à même d'en connaître parfaitement toutes les qualités. Je n'entrerai pas dans tous les détails de ce produit connu jusqu'ici de très-peu de personnes. Je me contenterai d'assurer à mes lecteurs, que cette couleur précieuse, est du plus grand et du meilleur usage dans tous les genres de peinture. Elle est légère, transparente, solide, facile à employer, et se marie parfaitement avec toutes les autres couleurs.

Le jaune de Mars paraît être un mélange de sulfate de chaux et de sous-sulfate de péroxyde de fer.

Terre de Sienne.

La terre de Sienne naturelle, telle qu'on la vend chez les marchands, est une terre minérale dont on ne peut douter que la partie essentielle et colorante ne soit le fer hydraté.

Cette terre est sujette aux mêmes inconvénients et en a de plus grands encore que la terre d'ombre naturelle. Elle se resserre et se durcit tellement en séchant, qu'on est obligé de la broyer toujours de nouveau pour pouvoir s'en servir. Elle devient lourde, cassante, et elle noircit, surtout lorsqu'elle est employée seule. On ne peut remédier à une partie de ces inconvénients, qu'en la broyant avec l'essence de térébenthine.

Des Ocres.

Les ocres sont des oxydes de fer plus ou moins mélangés chimiquement à de l'argile, et d'une consistance soit pulvérulente, soit plus ou moins solide.

Les ocres martiales naturelles sont très-souvent altérées par leur mélange avec différentes substances étrangères ; ce qui fait varier à l'infini le ton de leur couleur, et procure des ressources très-abondantes à la peinture. Elles prennent alors dans cet art des noms différents, suivant la diversité de ces différents tons. Lorsqu'elles sont alliées à une certaine quantité de terre argileuse, elles prennent le nom général de *bol*, que l'on distingue ensuite par une épithète qui en désigne soit la couleur, soit quelques qualités particulières.

Les principales ocres martiales sont : l'ocre jaune, l'ocre de rue, l'ocre brune et l'ocre rouge.

L'ocre *jaune* est d'une consistance peu ferme et friable. Elle a la propriété de tacher les mains. On l'appelle aussi *terre jaune*, ou *jaune de montagne*.

L'ocre *brune* n'est qu'une ocre jaune altérée par une couleur étrangère. Elle ressemble tantôt à l'ocre de rue, et tantôt au moulard des couteliers.

L'ocre *de rue* se nomme aussi *jaune obscur*. Elle prend une belle couleur, lorsqu'elle est calcinée.

L'ocre *rouge*, ou *rouge de montagne*, est friable, d'une couleur plus ou moins foncée et acquiert de l'intensité au feu.

On donne aussi quelquefois le nom d'*ocre* au cuivre amené par la nature à l'état d'oxydation. Elle se pré-

sente sous deux couleurs différentes, la bleue et la
verte. Lorsqu'elle est pure, celle bleue porte en minéralogie le nom d'*azur de cuivre*, et celle verte, celui
de *malachite*.

Lorsque cette mine de cuivre calciforme est mé-
langée avec des substances étrangères, au nombre
desquelles entre principalement la terre argileuse, elle
prend le nom de *bleu* ou *vert de montagne*, ou bien
encore *cendre bleue* et *cendre verte*.

Le *brun Wandick ordinaire* est un ocre calcinée à
plusieurs reprises pour lui donner la nuance voulue.

Toutes ces ocres sont d'un excellent usage dans la
peinture ; mais elles ne peuvent s'y employer qu'a-
près avoir été parfaitement purifiées.

Stil-de-grain brun naturel.

Le stil-de-grain est une laque qu'on prépare avec
le nerprun des teinturiers, la graine de Perse, d'An-
drinople, de Turquie, de Morée, ou les nerpruns de
France, d'Avignon, d'Espagne et d'Italie.

Cette couleur qui a un fond jaune sur un ton verdâtre est très-siccative et propre à tous les genres de
peinture.

BRUNS.

Terre d'ombre, de Cologne et de Cassel.

Il y a trois sortes de terre d'ombre, l'une d'une couleur faible, tirant sur le rouge, qu'on appelle proprement *terre d'ombre*; la seconde d'un brun très-foncé, qu'on nomme *terre de Cologne*; et la troisième qui tient le milieu entre les deux, mais qui se rapproche davantage de la plus sombre; c'est la *terre de Cassel.*

Ces terres brunes sont bonnes pour la peinture, excepté la première qui devient dure, cassante, et qui noircit; la dernière doit être préférée aux deux autres.

Brun rouge.

Le brun rouge est une mine de fer argileux connue sous le nom de *bol* ou *terre bolaire.* Il y en a qui est naturellement rouge, tel que le *bol d'Arménie*; d'autres qui sont jaunes, et sont amenés au rouge par la torréfaction. Le *rouge d'Angleterre* est de ce nombre.

Cette couleur est bonne pour la peinture lorsqu'elle est calcinée à un feu modéré.

Bistre.

Cette couleur brune se forme avec la partie bitumineuse de la suie que l'on trouve attachée fortement aux parois des cheminées. Celle produite par le feu de bois dur est préférable à toute autre. Le bistre s'emploie pour rendre les couleurs terreuses ; on lui donne un bon ton en le mélangeant avec du carmin, de la gomme-gutte et de l'encre de Chine. Il perd sa crudité et acquiert une facilité de plus à être employé au lavis et à l'aquarelle.

Vitriol calciné.

Le sulfate de fer, calciné au creuset dans un fourneau, qui se nomme alors *vitriol brûlé,* réussit très-bien dans la peinture à fresque lorsqu'il a été broyé à l'esprit-de-vin. Ainsi préparé, il donne un rouge qui approche de la laque.

Cette couleur est surtout très-propre à préparer les endroits qu'on veut colorer de cinabre ; les draperies peintes sur la chaux avec ces deux couleurs, peuvent le disputer à celles qui sont peintes à l'huile avec la laque fine.

Les *bruns Wandick, de Suède et d'Angleterre* proviennent également de la calcination à une haute température du sulfate de fer.

Bitume, asphalte.

L'asphalte n'est qu'un hydrocarbure mélangé d'une quantité plus ou moins grande de parties terreuses.

Cette couleur brune préparée par un bon fabricant est excellente, surtout lorsqu'elle est unie avec une bonne huile grasse et un petit vernis au mastic, à l'essence. Ce brun est transparent et couvre assez bien.

Brun de bleu de Prusse.

En calcinant une partie de bon bleu de Prusse, on obtient un joli brun qui a la transparence du bitume, et qui a l'avantage immense de sécher promptement et de plus d'être très-solide.

VERTS.

Malachite, vert de montagne, cendre verte et vert de schéele, de Schweinfurt, etc.

La *malachite* est un carbonate de cuivre hydraté qu'on trouve dans les Monts Ourals, en Sibérie, et dans les Monts Kernhausen, en Hongrie, qui, réduite en poudre, fournit une teinte verte fort belle, mais excessivement chère. On a cherché à l'imiter en mélangeant une solution chaude de sulfate de cuivre bien pur avec une solution également chaude de carbonate de soude, et c'est la couleur verte qu'on obtient ainsi, qu'on nomme vert de montagne.

Le *vert de Bréme* a la même composition que le vert de montagne, et se prépare de même, mais en y ajoutant du sulfate de chaux.

La *cendre verte* est un mélange de sulfate et d'arsenite de cuivre, qu'on a obtenue en voulant imiter la malachite.

Le *vert de scheele*, un arsenite de bioxyde de cuivre, qu'on prépare avec l'acide arsénieux, le sulfate de cuivre et le carbonate de potasse.

Le *vert de Schweinfurt* se compose d'un acétate de cuivre, et d'un arsenite du même métal. On possède divers procédés pour le préparer.

On connaît encore quelques autres verts, préparés également avec le cuivre et l'arsenic et qui, de même que les précédents, sont tous vénéneux.

Les *verts de scheele* et ceux de *Schweinfurt* sont très-brillants, mais ne sont pas pour la peinture solide ce qu'un artiste peut désirer. Ces couleurs ne peuvent servir que pour quelques touches fines sur les premiers plans, leur mélange étant nuisible aux autres couleurs.

Vert de terre, terre de Vérone.

La terre de vérone est une substance terreuse qu'on trouve près de Vérone, en Saxe, au Tyrol, en Hongrie, etc., qui se compose de silice, d'alumine, de protoxyde de fer, de magnésie et de soude, et qui est très-bonne pour l'emploi des feuillages et très-solide lorsqu'on n'empâte pas.

Vert de Prusse.

Ce vert préparé avec le cyanure jaune de potassium et un sel soluble de cobalt, donne un excellent vert brun très-propre à ombrer.

Vert-de-gris et Verdet distillé.

Le vert-de-gris tel qu'il sort des fabriques de Montpellier, n'est qu'un acétate hydraté de cuivre que presque tous les dissolvants aqueux, huileux, acides, salins, etc., attaquent.

Cette couleur noircit en peu de temps, mais elle est employée principalement pour les plans sous le nom de *vert d'eau*, et pour colorer les estampes. C'est selon moi le seul emploi qu'on puisse en faire.

Vert d'iris.

Le vert d'iris est extrait de la fleur d'iris bleue et sert à peindre la miniature. Cette couleur tendre peut se faire en recueillant les belles fleurs d'iris qu'on pile dans un mortier avec de l'eau pure et qu'on mêle avec de l'alun bien trituré. On obtient un jus qu'on évapore pour s'en servir au besoin.

Vert de vessie.

Cette couleur qui est très-propre à l'aquarelle, à la

gouache et pour les plans, se prépare avec le suc des baies de Nerprun, et de l'alun en quantité suffisante pour faire virer ce suc presque noir et visqueux, en un beau vert de prairie que l'on fait sécher dans des vessies de cochon ou de bœuf, sous la cheminée ou dans un endroit chaud.

Vert émeraude. (Sesquioxyde de chrôme.)

Cette brillante couleur, encore peu connue, est solide et peut être employée à tous les genres de peinture, surtout en émail. Elle se lie très-bien avec toutes les couleurs métalliques et peut aussi être employée seule, pour les premiers plans, soit pour les prairies, les draperies, partout enfin où il faut donner des tons de vigueur ou pour glacer. On attribue la découverte de cette couleur à M. Delassaigne, qui a publié son procédé avec désintéressement.

BLEUS.

Bleu d'émail, bleu de smalt, bleu d'azur, bleu de Saxe.

Cette couleur qui est d'un très-grand usage pour les émailleurs, ne peut s'employer ni en miniature ni à l'huile, etc.

Le bleu d'émail est un silicate double de potasse et de cobalt, mélangé à des quantités très-variables de chaux, d'alumine, de magnésie, d'oxyde de fer, d'oxyde de nickel, et parfois à des acides arsénique, carbonique, et à de l'eau. Les matières premières qui servent à le préparer sont : le minerai de cobalt, du sable et de la potasse.

Bleu d'outremer.

La base de cette couleur est le *lapis-lazuli*, matière minérale rare et qui exigeant de nombreuses manipulations rend la couleur fort chère, à raison des opérations longues et pénibles qu'il faut faire pour en tirer ce bleu.

Je ne décrirai pas ici la manière d'extraire cette couleur du lapis-lazuli, qui est bien connue, je dirai seulement, dans l'intérêt des arts, que pour s'assurer de la bonté du lapis-lazuli, il faut le faire rougir sur une plaque de fer et le jeter ensuite tout rouge dans du vinaigre blanc très-fort ; s'il ne change pas il est de bonne qualité.

Sa couleur bleue s'appelle *outremer* : elle est de la plus grande beauté et ne s'altère ni à l'air ni au feu.

Outremer Guimet.

Cette précieuse couleur, fabriquée par M. Guimet, remplace avec avantage l'outremer obtenu avec le lapis-lazuli. Sa beauté, sa solidité et son prix modique lui ont fait mériter le prix de 8,000 fr. proposé et accordé par la Société d'encouragement de Paris.

Quelques imitateurs ont fabriqué des produits à peu près analogues, mais sans obtenir des résultats aussi satisfaisants pour les arts ; de là vient la supériorité incontestable de l'outremer de M. Guimet. Ses moyens de fabrication n'étant pas encore publiés, je ne puis donner ici aucuns détails.

Bleu d'Anvers, bleu minéral.

Cette couleur s'obtient par un mélange de bleu de Prusse avec des proportions variables d'alumine, de carbonate, de magnésie et de carbonate de zinc.

Le produit est bon pour les verts et les fonds.

Bleu de Prusse.

Le bleu de Prusse est une combinaison particulière du fer. On l'obtient habituellement dans le commerce en traitant une solution de ce métal par une lessive de sang.

Plusieurs fabricants réussissent parfaitement ce bleu, qui est employé à tous les genres de peinture à l'eau et à l'huile : quelques-uns, pour donner ce produit à bas prix, le mélangent avec des bases terreuses, telles que la craie, le sulfate de baryte, etc.; d'autres se servent d'amidon. Ce bleu est très-beau, mais malheureusement il noircit ou devient gris, comme beaucoup de couleurs à base organique.

Le fer dans cette couleur tend toujours à se régénérer et à passer au noir, comme il est dit plus haut; voilà pourquoi l'on doit donner la préférence à l'indigo pour peindre à l'eau le ciel, les eaux, ainsi que les lointains.

Bleu d'Inde et d'indigo.

Le bleu d'Inde se fait avec la feuille de diverses plantes du genre *indigofera* ou *nerium*, du *polygonum tinctorium* et du pastel.

On fait tremper les feuilles de ces plantes dans l'eau pendant deux jours environ; on en sépare ensuite l'eau qui a une légère teinte bleue verdâtre. On bat cette eau pendant deux heures avec des palettes de bois et on cesse quand elle mousse; on y jette alors un peu d'huile en aspergeant. L'Inde se sépare aussitôt de l'eau par petits grumeaux : l'eau reposée devient claire; on décante et on ramasse l'espèce de lie qui est déposée au fond du vase, et on fait sécher au soleil.

Le bleu d'indigo se fait de la même manière, excepté que pour l'Inde, on prend les plus belles et les plus jeunes feuilles; on se sert du reste de la plante pour l'indigo.

On peut peindre à l'huile avec l'Inde mêlé de blanc qui lui donne du corps ; mais comme il perd une grande partie de sa force en séchant, les peintres qui s'en serviront pour les draperies feront bien de le glacer par-dessus avec de l'outremer.

L'indigo non falsifié est léger, flottant sur l'eau ; la cassure à l'intérieur doit être nette, d'un beau bleu très-foncé, tirant sur le violet. Celui nommé *guatimala* est le plus estimé.

A la détrempe, l'indigo produit des effets admirables. Cette couleur est absolument nécessaire pour peindre le ciel, la mer et toutes les parties fuyantes du tableau. Il faut l'employer de préférence au bleu de Prusse. Les verts doivent être composés aussi d'indigo et plus ou moins de jaunes différents, ils sont brillants, frais et changent très-peu.

Bleu de tournesol.

Le tournesol est une pâte faite avec diverses espèces de lichens qu'on fait macérer dans l'eau : on en retire une belle teinture bleue. Il arrive quelquefois qu'elle devient rouge ; mais on lui rend sa couleur bleue avec une addition d'eau de chaux.

On emploie cette couleur dans la peinture en détrempe et pour l'enluminure ; mais elle passe très-vite.

Bleu de cobalt ou bleu Thénard.

Avec le minerai de cobalt de Tunaberg, privé d'arsenic, de fer et de soufre par un excès d'acide nitrique, évaporé jusqu'à siccité, on obtient un beau bleu en faisant chauffer au rouge dans un creuset, avec un mélange de deux parties de phosphate de soude et huit parties d'alumine en gelée. Cette opération très-délicate demande beaucoup de soins ; mais aussi on est bien recompensé de ses peines lorsqu'on a obtenu ce beau bleu découvert par M. Thénard.

Cette précieuse couleur est employée dans tous les genres de peinture et se marie parfaitement à toutes les autres couleurs ; elle est très-solide, et remplace souvent l'outremer dont le prix est toujours très-élevé.

POURPRES ET VIOLETS.

Pourpres.

Dans toute l'Europe on fait des couleurs pourpres de plusieurs nuances, avec la cochenille et un pied de pastel. Ce pourpre est le moins dispendieux et le plus éclatant.

On tire aussi une couleur pourpre d'une espèce de coquille qui se trouve dans différentes mers et principalement sur les côtes de France. C'est une liqueur contenue dans une sorte de réservoir qui se trouve sous le manteau de l'animal. On imite ce pourpre avec l'indigo et la laque carminée.

Précipité d'or, rouge et violet, de Cassius.

Le précipité d'or découvert par Cassius dont il porte le nom, est composé d'une dissolution d'étain et d'une dissolution d'or à 24 carats. Cette couleur l'une des plus précieuses pour la peinture à fresque, en émail, sur porcelaine et en miniature, est aussi l'une des plus difficiles à obtenir ; il faut une grande habitude et le coup-d'œil bien exercé, lorsqu'on fait le mélange des dissolutions et qu'on en précipite la couleur pourpre.

Cette couleur est des plus solides et peut s'allier parfaitement à toutes les autres.

Violet de fer.

Le jaune de mars qui est un mélange d'oxyde de fer hydraté, de carbonate de fer et d'alumine calciné à une haute température, donne un violet terne très-solide, qui peut être employé avec succès dans la peinture à fresque surtout; il s'unit très-bien avec les pourpres de Cassius de diverses nuances.

ROUGES.

Carmin.

Le carmin, qui est un composé de carmine, principe colorant de la cochenille, d'une matière végétale, et enfin d'un acide ou d'un oxyde alcalin, est une couleur d'un très-beau rouge vif et tirant parfois sur le cramoisi, qu'on peut composer avec succès par le procédé suivant :

On fait dissoudre la cochenille avec du carbonate de potasse dans une chaudière de cuivre contenant 20 litres d'eau, on fait bouillir, on enlève du feu et on y délaie de l'alun avec précaution; par l'addition de l'alun, la liqueur, auparavant d'un rouge foncé, prend une couleur rouge très-vive de carmin; on laisse reposer pendant un quart-d'heure, et lorsque la liqueur est devenue claire on la décante dans une autre chaudière que l'on remet sur le feu, on y délaie de la colle de poisson dissoute dans une grande quantité d'eau et passée au tamis. Aussitôt que la liqueur bout, le carmin monte à la surface. On enlève la chaudière du feu, on agite, on abandonne au repos et au bout de 15 à 20 minutes, le carmin se précipite, on décante, on recueille ce carmin et on le fait égoutter et sécher.

On peut préparer le carmin de beaucoup d'autres manières; mais celle indiquée suffira pour donner une idée de ce qui entre dans sa composition.

On emploie beaucoup pour la miniature, le lavis et l'aquarelle, cette couleur d'un rouge tendre, si amie de l'œil, si propre à nuancer, à rehausser par une heureuse illusion les faibles couleurs de là carnation. C'est à la toilette qu'on admire cet art; c'est là que le pinceau armé de carmin devient rival de la nature.

La cochenille est une substance animale qu'on apporte du Mexique en petits grains convexes et cannelés d'un côté, et concaves de l'autre. Ce n'est autre chose qu'un insecte de la nature du puceron qui s'attache aux feuilles de la raquette. Les Indiens l'y ramassent et la font dessécher.

La cochenille desséchée peut conserver pendant plus de 130 ans sa partie colorante, sans altération.

La cochenille est aussi employée dans la teinture en écarlate ou en cramoisi.

Laque carminée.

Cette couleur si utile à la peinture à l'huile, l'aquarelle, la miniature, la gouache, etc., s'obtient en versant une décoction de cochenille, dans une solution d'un sel d'alumine bien préparée; on lave avec soin avant de faire égoutter.

On peut remplacer la décoction de cochenille par le
résidu et les eaux-mères provenant de la fabrication
du carmin ; plus le mélange contient de principe colorant, plus les laques sont vives et riches en couleur.

Laque de garance.

De toutes les couleurs rouges, c'est sans contredit
celles obtenues par la garance qui sont le plus solides,
mais comme il est difficile de faire cette couleur et que
même les plus habiles fabricants ne sont pas certains
d'obtenir un bon résultat, il vaut mieux choisir celles
d'entre elles qui conviennent le mieux pour les tons
qu'on désire, et qu'on trouve toutes préparées dans
le commerce.

Rouge de mars.

Le rouge de mars s'obtient de différentes manières,
mais toujours par le fer mis en dissolution, précipité et
calciné.

On peut se procurer cette couleur en faisant calciner le jaune de mars comme on obtient la terre de
Sienne brûlée avec la terre de Sienne ordinaire. Alors
cette couleur est plus chère que celle du commerce ;
mais aussi elle est plus légère, plus transparente et
d'un usage beaucoup plus agréable dans tous les genres

de peinture. Cette couleur s'emploie facilement et se marie très-bien avec toutes les autres.

Minium.

Le minium est un oxyde de plomb d'un rouge très-vif, mais tirant toujours un peu sur le jaune. Cette couleur est assez utile en peinture. Sa préparation est connue de presque tout le monde ; on sait que la base du minium est la céruse exposée au feu par degrés différents, dans un fourneau de réverbère.

Ecarlate. (Deuto-iodure de mercure.)

Cette couleur, qui est plus vive et plus brillante que le vermillon et le minium, ne peut convenir, et encore rarement, que dans les peintures à l'eau ou en détrempe , car elle noircit assez promptement.

On l'obtient en mêlant ensemble une dissolution dans l'eau distillée de 100 parties d'iodure de potassium et 80 parties de bichlorure de mercure.

Cinabre ou Vermillon.

Le cinabre naturel est la mine la plus connue du mercure combiné avec le soufre. On en trouve en Hongrie, en Bohême, en Carinthie, en Espagne, etc. Le cinabre est compact, et communément d'un rouge de brique, rarement d'un rouge vif. Si on le met en poudre, il perd son éclat brillant ; il acquiert une couleur carminée, et prend alors le nom de *vermillon*.

On entend par cinabre artificiel, un mélange de mercure et de soufre sublimés ensemble par le moyen du feu. Cette substance doit être d'un beau rouge foncé, disposé en longues stries luisantes. Ce cinabre factice est plus pur, et doit être préféré au naturel. Réduit en poudre, on s'en sert dans la peinture sous le nom de vermillon.

Le vermillon qui nous vient de la Chine est supérieur à tous les autres, mais il n'est pas encore exempt de défaut et noircit avec le temps.

Rouge de saturne.

Le rouge de saturne se fait à peu près de la même manière que le minium, mais il exige de grands lavages à l'eau pure de rivière ou de pluie.

Lorsqu'il est parfaitement préparé et purgé à l'esprit-de-vin, on peut sans danger l'employer pour tous les genres de peinture.

Laque.

La laque, connue plus généralement sous le nom de gomme-laque, est un suc concret qui découle de plusieurs espèces de plantes, et dont la sécrétion est déterminée par un gallinsecte du genre *coccus*. Les amas de cette gomme-résine contiennent de petits corps renflés qui sont vraisemblablement les embryons ou des exsudations de ces insectes. Ces petits corps sont d'un très-beau rouge plus ou moins foncé. Quand on les écrase, ils se réduisent en poudre aussi belle que celle de la cochenille. En mettant ces petits corps dans l'eau, ils s'y renflent comme la cochenille, la teignent d'une aussi belle couleur et en prennent à peu près la figure. Ce sont ces petits corps qui donnent à la laque la teinture rouge; car lorsqu'elle en est absolument dépouillée, ou peu fournie, elle ne donne qu'une teinture très-légère.

On sépare la laque de la résine ou des bâtons, en la faisant fondre; on la lave, on la jette ensuite sur un marbre où elle se refroidit en lames, et on la nomme alors *laque plate*.

On donne aussi le nom de laque à l'alun chargé du principe colorant de diverses plantes, ou des fécules colorées des mêmes plantes; c'est ainsi qu'on fait les laques jaunes, les laques de gaude, les laques de garance. Ces deux dernières sont solides, résistent parfaitement à la lumière et aux émanations phlogistiques. Quelques fabricants, pour aviver les laques qu'ils préparent, emploient la dissolution d'étain. Les laques fausses de bois de Brésil et de Fernambouc ne conviennent à aucun genre de peinture, pas plus qu'aux sucreries colorées.

Sang-dragon.

Le sang-dragon est une substance résineuse, sèche, inflammable, qui se fond aisément au feu, et qui est d'un rouge foncé couleur de sang. C'est un suc qui découle d'un arbre des Canaries. Il nous vient en larmes rouges enveloppées dans des feuilles qui ressemblent à celles du jonc ou du palmier. Celui qui est en masses est moins pur et mêlé de corps hétérogènes.

Cette couleur, parfaitement pulvérisée et broyée avec un peu d'esprit-de-vin, est très-bonne pour tous les genres de peinture. Elle est moins sujette que beaucoup d'autres aux impressions des vapeurs aériennes et sulfureuses.

Rouge d'Inde.

Le vrai rouge indien qu'on appelle aussi *terre de Perse*, est une espèce d'ocre martiale rouge tirée de l'île d'Ormus, dans le golfe Persique. Elle est assez friable et très-hauté en couleur. Lorsque cette ocre est bien lavée, elle donne un beau rouge dont on se sert avantageusement en peinture.

NOIRS.

Noir d'ivoire.

Le noir d'ivoire se fait avec des déchets d'ivoire pris chez les tablettiers ; on les fait calciner dans des vases en fer bien clos, mis dans un four de poterie pendant tout le temps de la cuisson.

Ce beau noir mêlé avec le blanc fait une fort belle teinte grise. On l'emploie dans tous les genres de peinture.

Noir d'os.

Le noir d'os se fait ordinairement avec des os de mouton calcinés et préparés comme le noir d'ivoire. Il donne un noir roux dont on se sert beaucoup pour les tableaux. Il est difficile à sécher, et on est obligé, en le broyant à l'huile, de le tenir plus ferme que les autres couleurs, afin d'avoir la facilité d'y mettre la quantité nécessaire d'huile grasse, visqueuse ou siccative.

On s'en sert rarement à l'eau.

Noir de vigne.

Le noir de vigne, ou noir bleuâtre, est très-propre pour la miniature et le paysage. Dans la miniature, il est employé plus particulièrement pour les linges. Ce noir est fait par la calcination des sarments et tendrons de la vigne.

Noir de fumée.

C'est ainsi qu'on nomme une substance d'un beau noir, produite par des résines calcinées pendant qu'on les fait brûler.

Toutes les substances résineuses, telles que la résine des pins, des sapins, la poix, les bitumes, la térébenthine, étant brûlées, se réduisent à la matière charbonneuse fort déliée, qu'on nomme *noir de fumée*.

Le noir de fumée sert pour la peinture à l'huile avec laquelle il s'incorpore parfaitement; il ne peut être employé dans la peinture en détrempe, attendu qu'il ne se mêle pas à l'eau.

Noir de pêches.

Le noir de pêche se fait avec des noyaux de pêches brûlés comme le noir d'ivoire. Ce noir sert beaucoup pour le tableau et donne une teinte bleuâtre quand il est mêlé au blanc.

Noir de charbon.

Le noir de charbon se fait avec des morceaux de charbon bien nets et bien brûlés. Etant bien broyé à l'eau et séché, il est très-bon pour le tableau et la détrempe. Mais à tous les noirs de charbon, on doit préférer les noirs de café et les noirs de liège qu'on calcine comme le noir d'ivoire.

Encre de la Chine.

L'encre de la Chine qu'on trouve en tablettes quadrangulaires, rondes ou ovales, sur lesquelles sont gravés des caractères chinois, est un noir excellent dont on fait un grand usage pour les dessins, le lavis, l'aquarelle, etc.

Si l'on trempe le bout de ces tablettes dans de l'eau et qu'on frotte contre le fond d'un vase, l'eau en dissout une partie, et devient propre à colorer en gris, en brun ou en noir foncé.

Quoique la composition de l'encre de la Chine ne soit pas encore bien connue, il paraît cependant certain, d'après toutes les expériences qui ont été faites, qu'elle est composée d'une substance animale glutineuse et du noir de fumée de lampe.

La différence dans la bonté des encres de la Chine provient de la qualité du noir de fumée que les Chinois emploient. Le meilleur est celui qu'ils tirent de l'huile qu'ils font brûler dans des lampes à cet effet.

L'odeur que l'encre de la Chine porte avec elle ne vient que d'un peu de musc que les Chinois ajoutent dans l'eau gommée, ou rendue glutineuse avec une colle animale, et qui ne contribue en rien à la qualité de l'encre de la Chine.

Remarques sur l'emploi des huiles et des vernis dans la peinture à l'huile, et de leur application.

Il est certain, et personne maintenant ne mettra en doute, que les peintres anciens qui nous ont laissé tant de chefs-d'œuvre que nous admirons toujours pour leur coloris et leur conservation, peignaient avec diverses huiles grasses rendues visqueuses, soit en exposant au soleil dans des vases plats celles qu'ils voulaient engraisser, soit par une addition de litharge pulvérisée, et sagement combinées ensemble. Dans plusieurs circonstances, ils se servaient aussi pour peindre, de certains vernis huileux qu'ils faisaient eux-mêmes; tels ont été les Grecs, les Italiens, les Flamands, etc.

A ces époques éloignées de nous, les peintres manquaient des ressources que nous avons aujourd'hui ; la chimie, sœur des arts, étudiée, pratiquée et professée par des hommes célèbres comme les Berzélius, les Thénard, les Dumas et tant d'autres à qui nous devons des découvertes admirables, non-seulement pour l'art de la peinture, mais aussi pour tous les objets que le goût, le luxe et la fantaisie ont pu inventer pour satisfaire les besoins des hommes, selon leur position; la chimie, disons-nous, n'a-t-elle pas contribué à fournir des lumières à un grand nombre de fabricants qui s'occupent spécialement de la préparation des couleurs, des huiles et des vernis, ainsi que de tous les accessoires si nécessaires aux artistes de notre époque? Toutes les industries rivalisent entre elles pour apporter leur tribut de perfection aux arts qui nous sont connus jusqu'à ce jour, comme la papeterie, les fabriques de toiles, de panneaux, de chevalets, de brosses, de pinceaux, etc.

La minéralogie, la physique et la botanique ont rivalisé avec la chimie; n'ont-elles pas contribué pour ce qui les concerne en particulier, à éclairer les hommes sur les ressources qu'elles leur offraient? En effet, ne devons-nous pas notre admiration et notre reconnaissance à tant de savants, qui ont sacrifié leur repos, leur santé et même leur existence pour nous communiquer avec désintéressement les secrets qu'ils ont arrachés à la nature? Chaque découverte dans ces sciences diverses n'est-elle pas une victoire remportée sur les matières tirées des trois règnes que nous offre la nature? Honneurs et reconnaissance leur soient accordés; ils ont bien mérité de leur patrie, l'univers entier leur appartient.

Les procédés, les recettes et même les secrets sont en partie rendus publics de nos jours, et cependant un honnête et consciencieux fabricant, avec de l'intelligence, peut à son tour rendre des services aux arts, qui font l'objet de ce traité, comme déjà il y en a bon nombre qui méritent d'être cités.

Mes lecteurs conviendront avec moi, j'en suis persuadé, que si les peintres anciens, tout en peignant, étaient en même temps les préparateurs des matières premières qu'ils employaient, ils perdaient un temps précieux, difficile à retrouver, parce qu'ils n'avaient pas sous la main, comme aujourd'hui, la faculté de se procurer les matériaux qui leur étaient nécessaires; du reste ils n'en avaient que plus de mérite.

Je dois encore ajouter que le nombre des artistes et amateurs distingués de notre époque s'étant accru considérablement, depuis que les gouvernements éclairés ont donné des distinctions et des encouragements aux arts en général, il serait à désirer de voir élargir la part que des hommes capables et instruits pourraient prendre, pour perfectionner encore tous les matériaux destinés à tous les genres de peinture.

Partant de ces principes, je vais donner un abrégé des substances qui entrent dans la confection des vernis, la préparation des huiles grasses et des huiles essentielles.

RÉSINES.

Copal.

On distingue deux substances du nom de copal, la gomme copal orientale et la gomme copal occidentale ; c'est cette dernière qu'on nomme improprement *gomme-copal*. Elle nous vient des Antilles et de la Nouvelle-Espagne. C'est une résine transparente et dure, qui découle naturellement, ou par incision, d'un espèce de sumac. Elle ne dissout qu'imparfaitement dans l'esprit-de-vin ; il suffit de l'exposer à une chaleur douce dans un matras pour la faire dissoudre dans l'essence de térébenthine nouvelle.

Le copal est luisant, médiocrement pesant, quoiqu'il le soit plus que l'eau, pour l'ordinaire de couleur citrine ou dorée, quelquefois blanchâtre ou brune, insipide et sans odeur, excepté lorsqu'il est un peu échauffé.

La première sorte donne un bon vernis dur, la seconde produit moins de corps, et la troisième doit être négligée.

Mastic.

Le mastic est une résine qui découle en larmes d'un arbre appelé *lentisque*, cultivé plus particulièrement dans l'île de Chio. Les habitants de cette île et les dames turques en font un grand usage en mastication afin de se donner une haleine agréable et raffermir les dents et les gencives, de là le nom de *mastic* qui lui a été donné. Nous ne nous servons de cette résine que pour faire un beau vernis blanc et transparent qui s'applique sur les tableaux lorsqu'ils sont parfaitement secs. Il se prépare à froid à l'essence de térébenthine avec une partie de mastic contre deux ou trois d'essence, selon qu'on veut l'avoir plus ou moins épais. Fait à chaud, ce vernis prend trop de couleur.

Sandaraque.

La sandaraque est une résine sèche, d'une odeur pénétrante et suave, qui découle du grand genevrier. Elle nous vient des côtes d'Afrique par Marseille.

La sandaraque s'emploie dans la composition du vernis pour les intérieurs d'appartements, parce qu'il est brillant et moins cher que les autres vernis blancs.

On emploie aussi la sandaraque pour donner de la consistance au papier, et pour l'empêcher d'emboire lorsqu'il a été gratté ou altéré.

HUILES.

Huile de lin.

Cette huile, visqueuse et siccative, exposée au rayons du soleil dans des vases plats bouchés au papier, est très-propre à préparer les vernis gras qui jouent un si grand rôle dans la peinture ; elle sert aussi à couvrir les toiles cirées, les cuirs et dans mille autres industries.

Huile de noix.

L'huile de noix extraite à froid, quoique plus chère que les autres huiles, devrait être préférée pour les peintures exposées à l'extérieur des maisons et des monuments. En Amérique, les artistes en font un usage continuel pour remplacer l'huile de lin qui est trop siccative selon eux, et parce qu'elle se gerce moins.

Huile d'œillette (ou de pavot).

L'huile de pavot, appelée improprement huile d'œillette, est celle qu'on nomme aussi huile blanche, parce qu'en effet elle est moins jaune et plus coulante, par conséquent moins siccative que l'huile de lin et l'huile de noix ; aussi elle conserve plus de transparence, et est très-utilement employée avec les couleurs claires et les glacis. Si on ne la trouvait pas assez siccative, on y joindrait quelque peu d'huile de lin déjà rancie, ou bien on la dessécherait faiblement avec une pointe de sel de saturne en peignant, sans en faire d'abus.

Huile de romarin.

Cette huile étant très-volatile, se dessèche plus facilement que les autres, par conséquent elle peut servir avec avantage pour la préparation du vernis au copal, sur lequel elle a une action dissolvante assez prompte. Ce vernis serait certainement plus blanc, mais, comme l'huile de Pétrole et l'huile de Lavande, elle a une odeur pénétrante et désagréable.

Ces trois espèces d'huiles volatiles servent avec avantage à la fabrication des vernis, celle-ci de préférence.

Esprit-de-vin.

L'esprit-de-vin est une liqueur très-légère, très-volatile, très-fluide, pénétrante et agréable, parfaitement blanche et limpide.

L'esprit-de-vin reste inaltérable après un grand nombre de distillations. Il ne paraît avoir aucune action sensible sur les terres, ni sur les matières métalliques, il s'unit avec tous les acides et les dulcifie. Il est regardé comme le dissolvant des huiles et des matières huileuses ; mais il ne dissout, à proprement parler, que les baumes et les vraies résines.

Quelle que soit la nature de l'esprit-de-vin, on s'en sert avec le plus grand succès pour purifier et conserver les couleurs. Il détache et attire à lui toutes les matières étrangères à la couleur et la conserve dans toute sa pureté.

Vernis.

La fraîcheur et la conservation des anciens tableaux sur toile, panneaux, etc., qui nous sont restés des maîtres célèbres des temps les plus reculés, nous prouvent sans nul doute qu'ils peignaient avec un mélange combiné à propos de vernis huileux préparés par eux avec des huiles devenues visqueuses, ayant été exposées au soleil ; les uns étaient faits au copal qui est le meilleur, et les autres, plus blancs, qui avaient pour base le mastic en larmes bien choisi et purifié à l'esprit-de-vin. De nos jours on obtient la dissolution complète du mastic dans l'essence de térébenthine, ou bien encore on se sert de l'ambre jaune, ou succin, mais qui est dur à dissoudre.

C'est avec ces sortes de vernis, sagement unis à leurs couleurs qu'ils empâtaient, puis finissaient par des glacis très-transparents. Quelques-uns glaçaient en commençant après avoir fait l'ébauche en lavis d'un ton bistré, et finissaient de même par des glacis qui rendaient leur peinture transparente. C'est à l'artiste à choisir ceux des moyens qui peuvent le mieux lui convenir. Mais il faut dire aussi, et c'est probable, que la cire blanche jouait un grand rôle dans son union avec les résines, bitumes et les huiles grasses de noix, de lin ou de pavot, composition qui formait leur vernis.

Je regarde comme superflu d'entrer ici dans des détails minutieux sur la fabrication des vernis qu'on peut employer. Nos artistes modernes se les procureront chez nos habiles fabricants de couleurs fines; ils seront bien servis et à bon marché, attendu que ceux-ci sont outillés à cet effet, qu'ils possèdent les connaissances nécessaires pour bien faire, et qu'ils réussisent très-bien.

Je recommanderai d'user des différents vernis propres à donner de l'éclat et de la solidité aux couleurs, mais à n'en pas abuser, car on tomberait d'un excès dans l'autre, la couleur étant avant tout la base de la peinture à l'huile, qui est sans contredit l'une des plus anciennes et des plus solides.

L'essentiel, dis-je encore une fois, est de se procurer des toiles ou panneaux bien préparés, très-secs, et des couleurs qui soient broyées avec grand soin, les unes avec les huiles de noix ou de lin, les autres avec l'huile blanche d'œillette ou pavot. Cette dernière doit être préférée pour toutes les couleurs qui, par leur nature, sont siccatives. Les deux premières seront broyées avec les couleurs qui sèchent difficilement; de ce nombre sont les laques, les noirs, etc.

Il existe à Paris un assez bon nombre de fabricants de couleurs fines, et c'est à ceux d'entre eux qui ont la réputation d'être consciencieux et habiles que l'artiste doit accorder sa confiance, s'il veut que son œuvre ait tout l'éclat, la fraîcheur ou la vérité de coloris qu'il doit s'efforcer de lui donner, et, en outre, s'il a la prétention qu'elle résiste aux effets du temps.

Eau distillée.

Pour distiller l'eau, il faut la mettre dans un alambic de cuivre parfaitement bien étamé, très propre et qui ne serve qu'à cet usage. Il est à propos de jeter la première eau et de cesser la distillation quand on en fait passer à peu près les deux tiers, afin qu'il ne s'y trouve aucunes matières étrangères. L'eau distillée doit être mise dans des bouteilles bien nettes, rincées avec la même eau et bien bouchées.

On reconnaît que l'eau distillée a le degré de pureté convenable, à ce qu'elle ne cause aucun changement aux couleurs des teintures de violette et de tournesol, et à ce qu'elle conserve sa limpidité, lorsqu'on y jette quelques gouttes d'une dissolution d'argent dans l'acide nitrique.

Il est absolument nécessaire de préparer toutes les couleurs avec de l'eau distillée : l'eau commune, quelque pure qu'elle soit, est toujours chargée de plus ou moins de sels et de parties terreuses qui ne peuvent qu'être très-nuisibles aux couleurs. L'éclat de celles-ci ne peut exister qu'autant qu'elles sont très-pures, ni se soutenir que lorsqu'elles ne sont pas altérées par des corps hétérogènes ou par l'action de l'air.

Les détails que je viens de donner seraient trop courts, sans doute, pour ceux qui voudraient se livrer aux opérations chimiques qu'exige la préparation des couleurs ; j'espère néanmoins, qu'ils seront suffisants pour remplir le but que je me suis proposé : de donner aux jeunes élèves et aux amateurs de l'art agréable de la peinture, une idée des différentes couleurs dont ils sont obligés de se servir, de leur nature, de leurs qualités, de leur composition, de la préparation qui leur est nécessaire, de la manière de s'en servir dans les différents genres de peinture ; enfin de réunir les renseignements utiles pour les mettre à portée de raisonner leurs ouvrages, de les exécuter d'une manière solide et intéressante. Je m'estimerai heureux si j'ai pu être de quelqu'utilité aux arts et à ceux qui, par goût, sont portés à les cultiver. Mes désirs seront remplis, et j'aurai reçu la récompense qui peut le plus me flatter.

Connaissant par principes et par expérience tous les inconvénients qui résultent pour la peinture, de la préparation négligée ou malentendue des couleurs, dans la fabrication desquelles on a trop souvent plus consulté l'intérêt personnel que celui de l'art, je me suis toujours appliqué dans mon ancienne fabrique de couleurs fines, à les rendre aussi pures, aussi inaltérables, aussi solides qu'on puisse le désirer. Je n'ai épargné ni soins, ni dépenses pour parvenir à un but si désirable et si nécessaire. J'ai évité surtout de faire usage de tous ces apprêts qui, étrangers à la couleur et d'une nature toute différente, donnent peut-être, pour l'instant de l'emploi, un peu moins de peine à la personne qui peint, mais altèrent infiniment la fraîcheur et la beauté de la couleur, la font écailler ou noircir, et par là rendent infructueux, et le travail, et le talent du peintre. J'ose me flatter que l'expérience prouvera la vérité de ce que j'avance, et que bien des fabricants de couleurs fines suivront mon exemple.

Procédé de M. THÉNARD *pour ramener à leur blancheur primitive les blancs qui seraient noircis sur un ancien tableau par les vapeurs hydrosulfurées.*

Il consiste à laver légèrement au moyen d'un pinceau doux, la partie gâtée du tableau, avec de l'eau oxygénée. On se procure bien facilement cette eau, découverte par ce savant chimiste, non-seulement chez les fabricants de produits chimiques, mais aussi chez les pharmaciens, qui connaîtront sans doute ce procédé publié par M. Thénard, dans les *Annales de Chimie et Physique.*

N. B. Ce procédé sera, je pense, très-utile aux artistes qui s'occupent de la restauration des tableaux ; c'est dans ce but que j'en parle dans ce volume, qui pourtant ne traite que des diverses peintures et de la manière de les exécuter avec succès.

FIN.

TABLE DES MATIÈRES.

———

'FIN DE LA TABLE DES MATIÈRES.

BAR-SUR-SEINE. — IMP. SAILLARD.

9 782014 044812